AF573522

ÉLÉMENTS
D'ASTRONOMIE

PAR

LUCIEN PLATT

PARIS

N.-J. PHILIPPART, ÉDITEUR,

RUE HONORÉ-CHEVALIER, 4

ET DANS LES DÉPARTEMENTS

CHEZ TOUS LES LIBRAIRES.

TABLE DES MATIÈRES

Pages.

PRÉAMBULE 3
MOUVEMENTS APPARENTS DU CIEL. 5
ORIENTATION, NOTIONS INDISPENSABLES. 6
LOIS DE KÉPLER. 7
ATTRACTION OU PESANTEUR UNIVERSELLE. 8
SYSTÈME PLANÉTAIRE, LE SOLEIL. 11
Vitesse de la lumière. 13
Réfraction. 14
Crépuscule. 15
Temps vrai et temps moyen. 15
PLANÈTES EN GÉNÉRAL. 18
MERCURE. 20
VÉNUS. 21
LA TERRE, SES MOUVEMENTS, SAISONS. 22
Mesure de la terre 25
Années civile, tropique et sidérale. 29
LA LUNE. 32
Marées. 36
MARS. 39
PLANÈTES TÉLESCOPIQUES. 39
JUPITER. 41
SATURNE. 41
URANUS. 43
NEPTUNE. 43
VULCAIN. 44
PARALLAXE. 49
MESURE DES DIAMÈTRES. 53
COMÈTES. 54
ÉTOILES FIXES. 58
ÉTOILES FILANTES. 61
ÉCLIPSES. 62

ÉLÉMENTS

D'ASTRONOMIE

PRÉAMBULE.

L'astronomie a pour objet l'étude des corps célestes et des lois qui régissent leurs mouvements. Elle a pris naissance chez des peuples pasteurs et dans les climats où le ciel est presque toujours serein. L'invention de la sphère, la division du zodiaque en douze constellations, paraissent venir des Chaldéens, qui sans doute les tenaient de peuples plus anciens.

De l'Orient l'astronomie passa en Égypte. Les monuments de ce pays et quelques passages des anciens auteurs attestent les progrès que la science chaldéenne fit dans les temples de Thèbes et de Memphis.

La Grèce resta quelque temps indifférente aux études savantes de la Chaldée et de l'Egypte; cependant l'école de Pythagore annonça que la terre tourne sur elle-même et autour du soleil. Eudoxe, Pythéas, Eratosthène, firent quelques observations importantes; le dernier essaya mêmede mesurer la terre par le moyen usité aujourd'hui. Hipparque parut en 160; il trouva la vraie longueur de l'année, observa le grand mouvement céleste appelé *précession des équinoxes,* et dressa un catalogue de vingt-deux mille étoiles. Ptolémée réunit les connaissances astronomiques alors existantes dans un ouvrage que les Arabes ont appelé *Almageste,* et il y développa un système qui a été suivi en Europe jusqu'au XVIe siècle, et qui consistait à faire de la terre le centre de tous les mouvements des corps célestes.

Copernic, né à Thorn en 1472, osa le premier révoquer en doute le système de Ptolémée; il démontra que le soleil est immobile au centre de l'univers, et que la terre et toutes les planètes tournent autour de l'astre qui les échauffe et les éclaire.

Tycho-Brahé s'égara dans de fausses théories, et cependant il rendit à la science d'éminents services par ses belles observations. Képler s'immortalisa par la découverte des trois grandes lois qui régissent les corps célestes, et auxquelles il a laissé son nom. Peu de temps après, Galilée, à l'aide du télescope, dont il peut être regardé comme l'inventeur, ouvrit de nouveaux cieux à l'astronomie, aperçut les satellites de Jupiter, et prouva jusqu'à l'évidence le mouvement de la Terre autour du Soleil. Huyghens, Cassini, Helvétius, marchèrent glorieusement dans la voie tracée par Copernic, Képler et Galilée; Halley annonça le retour d'une comète; enfin Newton, né en 1642, parvint, en méditant les lois de Képler, à découvrir la loi fondamentale de l'univers, c'est-à-dire l'attraction, par laquelle on explique les mouvements planétaires, l'aplatissement des pôles, le flux et le reflux de la mer, en un mot tous les mouvements, toutes les anomalies apparentes observées sur la terre ou dans les cieux. En portant le télescope à une perfection extraordinaire, Herschell agrandit encore pour nous les espaces du ciel et y découvrit la planète Uranus.

Au commencement de ce siècle, Piazzi, Olbers et Harding ont découvert entre Mars et Jupiter une série de petites planètes dont les travaux récents de MM. Hind, Encke, de Gasparis, Chacornac, Goldschmidt et Valz ont considérablement augmenté le nombre. Enfin, d'après les seules perturbations d'Uranus, M. Le Verrier a révélé l'existence de la planète Neptune, et, d'après les perturbations de Mercure, il vient de calculer les éléments de la nouvelle planète Vulcain.

Tous les jours, par l'observation des éclipses, par l'étude des comètes, par le calcul et par le télescope, le champ de l'astronomie s'élargit et ses lois atteignent un plus haut degré de certitude et de rigueur.

MOUVEMENTS APPARENTS DU CIEL.

D'un lieu élevé et pendant une belle nuit, observez attentivement le spectacle du ciel, vous le verrez changer à chaque instant. Les étoiles s'élèvent ou s'abaissent, quelques-unes commencent à monter vers l'orient, d'autres disparaissent à l'occident; plusieurs, telles que celles de la Grande-Ourse et de Cassiopée, n'atteignent jamais l'horizon dans nos climats. Dans ce mouvement général, la position respective de tous ces astres reste la même; ils décrivent des cercles d'autant plus petits qu'ils sont plus près de l'étoile polaire, qui seule reste immobile.

Ainsi le ciel paraît tourner sur deux points fixes, nommés pour cette raison *pôles du monde*, et dans ce mouvement il entraîne le système entier des astres.

Ici plusieurs questions se présentent à résoudre. Que deviennent pendant le jour les astres que nous voyons durant la nuit? d'où viennent ceux qui commencent à paraître? L'examen des phénomènes fournit les réponses à ces questions.

Le matin, la lumière des étoiles s'affaiblit aux premières lueurs de l'aurore; le soir elles deviennent plus brillantes à mesure que le crépuscule fait place à la nuit : ce n'est donc point parce qu'elles cessent de luire, mais parce qu'elles sont effacées par la lumière du soleil que nous cessons de les apercevoir.

Celles qui sont assez près du pôle pour ne jamais atteindre l'horizon décrivent des cercles sur la circonférence desquels elles sont toujours visibles. Quant aux étoiles qui commencent à se montrer à l'orient pour disparaître à l'occident, il est naturel de penser qu'elles continuent de décrire sous l'horizon les cercles qu'elles ont commencé à parcourir au-dessus. Cette vérité devient sensible quand on s'avance vers le nord ; on voit le pôle s'élever proportionnellement à l'espace parcouru, et les cercles des étoiles situées vers cette partie du globe se dégagent de plus en plus de l'horizon; ces étoiles cessent enfin de disparaître, tandis que d'autres étoiles situées au midi deviennent pour toujours invisibles. On observe le contraire en avançant vers le midi; des étoiles qui demeuraient constamment sur l'horizon se lèvent et se couchent alternativement, et de nouveaux astres, auparavant invisibles, commencent à paraître.

De ces premières observations on doit conclure que la Terre est un globe que le ciel enveloppe de tous côtés.

Après ce premier mouvement dont nous venons de parler, et qu'on appelle *mouvement diurne,* on en remarque un autre, qui a lieu dans un sens inverse. Si on observe plusieurs jours de suite, et *à la même heure,* du côté de l'occident, quelque étoile après le coucher du Soleil, on la verra de jour en jour plus proche du point où a disparu cet astre, jusqu'à ce qu'elle se perde dans les rayons solaires. On remarquera, d'ailleurs, que cette étoile a conservé sa situation et sa distance par rapport aux autres étoiles, et que toutes se lèvent et se couchent constamment au même point de l'horizon, tandis que le Soleil change tous les jours les points de son lever et de son coucher. De là on conclura que ce n'est pas l'étoile qui s'est rapprochée du Soleil, mais que c'est le Soleil qui se rapproche successivement des étoiles situées à son orient. Ce mouvement est d'un degré environ par jour ; il se fait d'occident en orient, et par conséquent en sens contraire du mouvement diurne : c'est le *mouvement annuel.*

ORIENTATION. — NOTIONS INDISPENSABLES.

La première chose qu'il faut savoir trouver en astronomie, c'est le pôle de notre hémisphère. Rien de plus facile : qui ne connaît cette constellation composée de sept étoiles, nommée vulgairement le Chariot, et que les astronomes ont appelée la Grande-Ourse? Si l'on tire une ligne par les deux étoiles qui sont le plus éloignées de la queue, cette ligne prolongée conduira, par un alignement à peu près direct, vers l'*étoile polaire*, en suivant cet alignement à droite en été, à gauche en hiver, en haut en automne, en bas au printemps.

Quand on connaît l'étoile polaire, il est facile de s'orienter. Pour se former alors une idée précise du mouvement des astres, on conçoit par le centre de la Terre et par les deux pôles du monde un axe autour duquel tourne la sphère céleste. Le grand cercle perpendiculaire à cet axe s'appelle *équateur :* comme l'équateur terrestre qui partage la Terre, il divise la sphère céleste en deux hémisphères nécessairement égaux, qui prennent le nom d'hémisphère septentrional et d'hémisphère méridional. Les deux cercles extrêmes, que le Soleil décrit au solstice d'été et au solstice d'hiver, se nomment *tropiques;* les petits cercles que les étoiles paraissent décrire parallèlement à l'équateur, en vertu de leur mouvement diurne, se nomment *parallèles;* le *zénith* de l'observateur est le point du ciel que la verticale va rencontrer; le *nadir* est le point directement opposé. Le *méridien* est le grand cercle qui passe par le zénith et par les pôles; il partage en deux l'arc décrit par le Soleil et les étoiles sur l'horizon. Enfin l'*horizon* est le grand cercle perpendiculaire à l'observateur ou parallèle à la surface de l'eau stagnante.

LOIS DE KÉPLER.

Copernic avait prouvé que la Terre tourne autour du Soleil, que toutes les planètes décrivent des orbites circulaires autour de cet astre, et que les raisons alléguées en faveur de l'ancien système de Ptolémée n'avaient aucun fondement; il fallait encore déterminer les lois suivant lesquelles les astres se meuvent les uns autour des autres.

Les planètes tournant autour du Soleil, c'est dans le Soleil qu'il faudrait être pour observer les circonstances et les lois de leurs mouvements. Cependant il y a des moments où la Terre est placée de telle manière que nous pouvons apercevoir et juger les choses comme si nous étions au centre même du système planétaire : par exemple, quand une planète est sur la même ligne que le Soleil et la Terre. C'est en profitant de ces circonstances qu'on est parvenu à connaître toutes les lois des mouvements des planètes.

Képler, sans le secours d'aucun instrument, guidé par le calcul et par son puissant génie, découvrit ces belles lois qui lui ont justement mérité le surnom de *législateur de l'astronomie.* Il reconnut :

1° Que les planètes décrivent autour du Soleil, non des cercles mais des ellipses, dont cet astre occupe un des foyers ;

2° Que les aires des portions d'ellipse parcourues successivement par la ligne droite, qui joint une planète au Soleil, sont entre elles comme les cubes des grands axes de leurs orbites. Plus la planète s'éloigne du Soleil, plus le mouvement se ralentit ; plus elle s'en rapproche, plus il s'accélère ;

3° Que les carrés des temps périodiques des planètes sont entre eux comme les cubes de leurs distances moyennes au Soleil.

Ou, en d'autres termes, que les carrés des temps égalent les cubes des distances.

D'après cette loi, quand on connaît le temps d'une planète, il suffit, pour trouver la distance, d'élever le temps au carré et d'en prendre ensuite la racine cubique.

ATTRACTION OU PESANTEUR UNIVERSELLE.

Le plus grand prodige n'est pas de voir exister des planètes, mais bien de les voir se maintenir dans les espaces célestes, suivant des lois fixes et dans des orbites invariables. La science a pu remonter jusqu'à la cause de ce grand spectacle.

Tous les corps, quelles que soient leurs grosseurs ou leurs densités, commencent à tomber (dans le vide) avec une vitesse de 5 mètres par seconde; mais, après avoir parcouru 5 mètres dans la première seconde de temps, ils en parcourent trois fois autant dans la suivante, cinq fois autant dans la troisième, de manière que les espaces parcourus par secondes successives sont comme les nombres 1, 3, 5, 7, 9, etc. De là il suit que les espaces parcourus depuis le commencement de la chute sont comme les carrés 1, 4, 9, 16, des temps 1, 2, 3, 4, que la chute a duré. Ainsi un corps dont la chute aura duré dix secondes aura parcouru cent fois 5 mètres. Ce fait, que Galilée reconnut le premier, est confirmé par l'expérience.

La Terre est ronde, et la pesanteur s'exerce sur toute sa surface : il y a plus, la forme sphérique de la Terre est la conséquence forcée de la pesanteur, parce que toutes les parties tendent vers un centre commun autour duquel elles se disposent pour trouver l'équilibre. Il y a dans toutes les planètes une pesanteur semblable à celle qu'on éprouve à la surface de la Terre; leur figure sphérique suffit pour le démontrer : ainsi la matière de la Terre n'est pas la seule qui soit douée de cette faculté de retenir et d'attirer les corps environnants : partout où il y a de la matière il y a attraction.

Anaxagore, Démocrite, Epicure, admettaient déjà cette tendance générale de la matière vers des centres communs; Copernic avait la même idée. Képler, génie plus vaste, plus hardi, affirmait que l'attraction du Soleil s'étendait non-seulement jusqu'à la Terre, mais qu'elle était générale et réciproque entre les planètes. Fermat, Bacon, Galilée, Hooke surtout, en parlent d'une manière plus positive encore. Il ne manquait plus à l'attraction qu'un géomètre qui découvrît la loi suivant laquelle elle décroît : cette gloire était réservée à Newton.

Les premières idées qui donnèrent naissance au livre des *Principes* de Newton lui vinrent en 1666. Il méditait sur la pesanteur et sur ses propriétés. — Cette force, se disait-il, ne diminue pas sensiblement quand on s'élève au-dessus des plus hautes montagnes, pourquoi ne s'étendrait-elle pas jusqu'à la Lune? Peut-être sert-elle à la retenir dans son orbite; et, quoique la force de gravité ne soit pas sensiblement affaiblie par un petit changement de distance, tel que nous pouvons l'éprouver ici-bas, il est très possible que dans l'éloignement où se trouve la Lune, cette force soit diminuée.— Pour parvenir à estimer quelle pouvait être la quantité de cette diminution, Newton compara la force que la Terre exerce sur les corps avec celle qui devait retenir la Lune dans son orbite, ou qui l'empêche de s'échapper en ligne droite par l'action de la force centrifuge. Il se dit : — Les corps terrestres descendent sur la terre avec une vitesse de 5 mètres par seconde, mais l'orbite de la Lune se courbe 3,600 fois moins dans le même intervalle de temps. Or, la Lune est 60 fois plus loin que nous du centre de la Terre, et le carré de 60 est juste 3,600. La conséquence naturelle était donc que la force attractive diminue comme le carré de la distance augmente, et cela suffisait pour expliquer et la descente des corps graves sur la Terre et la persévérance de la Lune à tourner autour de cette planète.

Newton formula cette grande loi en disant que *l'attraction agit en raison inverse du carré de la distance et en raison directe de la masse,* c'est-à-dire qu'à une distance 10 fois plus grande, l'attraction est 100 fois plus petite, et qu'une masse 10 fois plus grande n'est que 10 fois plus forte.

Le célèbre géomètre étendit bientôt à tout le système solaire les lois qu'il venait de découvrir; il eut ainsi la gloire de tirer des lois de Képler les conséquences qu'elles renfermaient implicitement, et de poser les fondements de l'astronomie mathématique.

Nous verrons par la suite que l'obliquité de l'écliptique, la précession des équinoxes, la nutation de la Terre, l'aberration des étoiles, le flux et le reflux de l'Océan, en un mot tant de phénomènes restés longtemps inexplicables, dérivent de cette loi universelle de la gravitation qui enchaîne, conserve et harmonise l'univers.

SYSTÈME PLANÉTAIRE. — LE SOLEIL. — LUMIÈRE SOLAIRE.

Le système planétaire, qui comprend un orbe de plus de 6,600 millions de lieues (sans considérer les comètes dont quelques-unes s'éloignent 10 fois plus que Neptune), est composé de huit planètes : Mercure, Vénus, la Terre, Mars, Jupiter, Saturne, Uranus et Neptune, auxquelles il faut ajouter les nombreuses planètes télescopiques et le nouvel astre découvert par MM. Le Verrier et Lescarbault.

Le Soleil est le centre et le modérateur de notre univers; nous allons d'abord nous en occuper, nous parlerons ensuite des planètes en suivant à peu près l'ordre où elles sont placées relativement à cet astre.

Après le mouvement diurne, un des phénomènes les plus frappants, puisqu'il produit la différence des saisons et la longueur des jours et des nuits, c'est le mouvement annuel du Soleil ; ce mouvement n'est qu'une illusion; mais nous devons examiner ici l'apparence du phénomène avant de nous occuper de nouveau des causes qui le produisent.

Pour se convaincre que les Étoiles sont immobiles, et que c'est le Soleil qui se porte chaque jour d'environ un degré vers l'est, il suffit d'observer qu'il change continuellement les points de son lever et de son coucher, tandis que les Etoiles se couchent et se lèvent toujours en face des mêmes objets terrestres. Pour mesurer ce mouvement avec précision, on remarque à une pendule réglée sur les Etoiles le moment du passage du centre du Soleil au méridien, et on voit que chaque jour il arrive environ 4′ plus tard qu'une étoile prise à volonté pour objet de comparaison. Lorsque la Terre a effectué 90 révolutions, l'intervalle est de 90 fois 4′, ou à peu près 6 heures; donc le cercle horaire du Soleil s'est porté vers l'orient à 90 degrés de celui de l'étoile. Les retards continuant à s'accumuler, on trouve qu'après 365 jours 5 heures 48′ 48″, il est revenu au même point du ciel que l'étoile, laquelle a passé une fois de plus au méridien. Le mouvement annuel, qui se fait d'occident en orient, est donc contraire au mouvement diurne, au mouvement commun de tout le ciel, qui se fait vers l'occident et que nous avons expliqué en commençant.

La trace du mouvement annuel est un cercle nommé *écliptique*, qui coupe l'équateur en deux points, mais qui s'en éloigne de 23° 28′ au nord et au midi. L'écliptique est la route apparente et annuelle du Soleil; mais on remarque qu'il y a deux jours dans l'année, éloignés de six mois l'un de l'autre, où le Soleil se trouve avoir 57° de hauteur méridienne, et on appelle ces deux jours les *équinoxes*, parce que le Soleil décrit l'équateur, et est 12 heures au-dessus de l'horizon et 12 heures au-dessous; l'un est appelé *équinoxe du printemps*, l'autre *équinoxe d'automne*.

Les points de l'écliptique dans lesquels le Soleil se trouve lorsqu'il est le plus éloigné de l'équateur ont été nommés *solstices*, parce que le Soleil semble être quelques jours stationnaire avant de rétrograder vers l'équateur; c'est ce qui arrive vers le 21 juin et le 21 décembre.

Telle est la route apparente tracée dans le ciel par le Soleil observé de la Terre. Si nous étions placés dans

Mercure, son mouvement nous semblerait quatre fois plus rapide, et il ne répondrait plus aux mêmes étoiles, tandis que dans Jupiter nous le verrions achever sa révolution dans un laps de temps douze fois plus long.

Si le Soleil ne se meut pas autour de la Terre, il ne faut pas cependant croire qu'il soit immobile dans l'espace. Les taches qu'on observe à sa surface ont servi à calculer qu'il tourne sur lui-même en 25 j. 1/2; et comme un corps ne tourne point sur son axe sans avancer, on doit supposer que le Soleil a un mouvement de translation. Des observations, qui demanderaient d'être continuées pendant des siècles pour être soumises au calcul, indiquent qu'il est emporté dans l'espace avec une rapidité effrayante, entraînant avec lui tout le système planétaire. L'accroissement sensible de la lumière des étoiles de la constellation boréale d'Hercule indique à peu près sa direction vers ce point de l'espace.

La masse du Soleil est 355,000 fois celle de la Terre; on est parvenu à calculer que son diamètre est 112 fois celui de notre planète, et son volume 1,400 mille fois plus considérable.

Le diamètre apparent du Soleil varie dans le cours de l'année; mais cette variation provient de ce que la distance de la Terre change suivant les différents points de son orbite, qui n'est pas un cercle mais une ellipse dont le Soleil occupe un des foyers.

Le Soleil transmet sa lumière à la Terre en 8'. Voici, en anticipant un peu sur nos derniers chapitres, l'observation qui a amené cette belle découverte de la rapidité de la lumière. Lorsque le premier satellite de Jupiter passe dans l'ombre de cette planète, il s'éclipse pour reparaître ensuite au delà, et on sait que cette éclipse a lieu toutes les 42 h. 29'. Si la propagation de la lumière était instantanée, le temps qui sépare les deux éclipses serait toujours de 42 h. 29'; mais il n'en est pas ainsi. Si Jupiter est en opposition avec le Soleil, c'est-à-dire si Jupiter, la Terre et le Soleil sont sur une même ligne, et qu'on observe une *immersion* (commencement d'une éclipse) du premier satellite, on trouve que chacune des suivantes retarde de plus en plus, à mesure que la Terre s'éloigne du Soleil, et ces retards accumulés jusqu'à la *conjonction* (c'est-à-dire jusqu'à ce que la Terre soit de l'autre côté du Soleil, à l'égard de Jupiter) iront à 16′ 26″. La Terre continuant son cours et se rapprochant de Jupiter, l'instant de l'immersion avancera au contraire de plus en plus; il y a compensation au retour de l'opposition, et il se sera écoulé depuis la première éclipse précisément autant de fois 42 h. 29′ qu'il y aura eu de révolutions du satellite. Mais, comme les immersions du satellite ont toujours lieu après le même laps de temps écoulé, la somme des différences 16′ 26″ entre le moment où la Terre est le plus près de Jupiter et celui où elle en est le plus éloignée, est donc le temps que met la lumière à traverser l'écliptique, dont le diamètre égale deux fois la distance du Soleil, ce qui donne 8′ 13″ pour le temps qu'elle met à nous venir du Soleil.

On donne le nom de *réfraction* à l'influence exercée par l'atmosphère sur les rayons lumineux qui viennent des astres jusqu'à nous. Les rayons, en entrant dans les couches atmosphériques, changent de direction et la ligne qui joint la source lumineuse à l'objet éclairé devient une ligne brisée. L'observateur qui n'aperçoit les corps que dans la direction de la tangente à la courbe décrite par la lumière les voit plus élevés qu'ils ne le sont réellement; les autres paraissent sur l'horizon alors même qu'ils sont abaissés au-dessous. En infléchissant ainsi les rayons du Soleil, l'atmosphère nous fait jouir de la présence de l'astre 3 ou 4 minutes après qu'il est descendu sous l'horizon ou avant qu'il y soit arrivé.

Une expérience bien simple permet de constater la réfraction des rayons lumineux qui passent au travers d'un corps transparent plus ou moins dense. Si l'on place une pièce de monnaie dans un vase, de manière que le bord du vase empêche de la voir, qu'on reste immobile, et qu'une autre personne remplisse le vase d'eau, on apercevra alors la pièce de monnaie qu'on ne voyait pas : les rayons lumineux partant en ligne droite de la pièce se seront rompus en passant de l'eau dans l'air pour venir impressionner notre œil.

Le *crépuscule* est un effet de la réfraction atmosphérique; il nous procure un passage graduel de la lumière aux ténèbres et de la nuit au jour. L'aurore commence et le crépuscule du soir finit quand le Soleil est à 18° au-dessous de l'horizon. — La réfraction est en raison de l'obliquité des rayons : la plus grande de toutes est à l'horizon : elle est évaluée à 33′ de degré, c'est-à-dire que les astres sont encore de 33′ au-dessous de l'horizon lorsque nous commençons à les apercevoir; mais elle décroît graduellement jusqu'au zénith où elle devient nulle, parce que le rayon est perpendiculaire à la surface qui sépare les deux milieux.

Temps vrai. — Temps moyen. — La durée du jour solaire n'est pas toujours la même. Le Soleil ne parcourt pas avec une vitesse égale tous les points du grand cercle de l'écliptique. Ici on trouve que sa translation apparente a été de plus d'un degré en vingt-quatre heures, ailleurs on remarque que la translation apparente du Soleil en un jour est sensiblement inférieure à un degré. Le point où le mouvement propre du Soleil a été le plus rapide est celui qu'on nomme *périgée*. Le point où ce même mouvement est le plus lent se nomme *apogée*.

Le Soleil ne se meut donc pas uniformément, et c'est parce qu'il se déplace plus au point périgée qu'au point apogée qu'on remarque une différence du jour solaire au jour sidéral. Comme ces déplacements sont inégaux, il est nécessaire d'ajouter, suivant l'époque de l'année, des quantités dissemblables aux jours sidéraux pour avoir les jours solaires.

On sait déjà que le jour sidéral est plus court que le jour solaire, jour usuel compris entre deux midis et deux minuits consécutifs. En effet, si le Soleil traverse le méridien au même instant qu'une étoile, le jour suivant il y reviendra plus tard en vertu de son mouvement propre par lequel il s'avance d'occident en orient, si bien que dans l'espace d'une année il passera une fois de moins que l'étoile au méridien.

Il y a des instruments destinés à constater le midi solaire ou temps vrai. Ce sont, dans les observatoires, les lunettes dites méridiennes. Dans la vie commune, ce sont les cadrans solaires exactement construits, et qui ne portent pas autour de la ligne de midi une courbe à peu près semblable à un 8, qu'on appelle la méridienne du temps moyen, et sur laquelle les rayons du Soleil, passant par le trou de la plaque du style, doivent venir se projeter aux différentes époques de l'année.

Il existe à Paris un instrument très populaire, marquant le midi vrai, c'est le canon du Palais-Royal. Une lentille dont le foyer est incliné dans le méridien, suivant la déclinaison du Soleil, concentre les rayons de l'astre sur la lumière amorcée du canon et fait partir le coup au moment du midi vrai. Mais on conçoit qu'il est impossible de régler une montre d'après les indications essentiellement variables des cadrans ou canons solaires.

Avant 1816, pour la même raison, les horloges de Paris étaient toujours en désaccord. On avait beau les régler sur les passages du Soleil au méridien, elles ne voulaient pas suivre la marche de cet astre. Mieux ces horloges étaient construites et plus elles avaient besoin d'être rectifiées. Pour leur faire marquer l'heure du Soleil, il fallait modifier leur marche au moins tous les deux jours. M. de Chabrol, alors préfet de la Seine, après avoir consulté le Bureau des Longitudes, prit sur lui d'introduire une réforme importante dans la marche des horloges de la capitale : il s'agissait de supposer un Soleil fictif, se mouvant régulièrement dans le grand cercle équatorial et se déplaçant chaque jour d'une manière uniforme, et de régler les horloges sur les passages de ce soleil équatorial fictif au méridien, passages qui donnaient pour chaque jour de l'année ce qu'on appelle le temps moyen.

Si le Soleil fictif dont nous venons de parler se mouvait uniformément dans le plan de l'équateur à raison d'une vitesse angulaire de 59 minutes 8 secondes 3 dixièmes par jour, au bout de 365 jours et 6 heures il aurait parcouru les 360 degrés qui divisent la sphère. Mais, comme ce Soleil équatorial n'existe que par hypothèse, il en est un autre, celui-là réel, qui, au lieu de parcourir le plan de l'équateur, parcourt le plan de l'écliptique et qui, au lieu de marcher toujours avec une vitesse égale, avance tantôt de plus d'un degré et tantôt de moins de 59 minutes en un jour; mais, en compensant les retards avec les avances de sa marche, il arrive toujours, en somme, à parcourir le cercle entier de l'écliptique en 365 jours 6 heures, qui forment un total de 525,960 minutes. Lorsqu'on connaît ainsi le nombre des minutes dont se compose l'année tropique, il est facile d'avoir en minutes la durée moyenne du jour solaire; pour cela il suffit de diviser le nombre 525,960 par 365 jours 6 heures. Ce calcul très simple donne pour résultat 1,440 qui est le nombre de minutes dont le jour solaire moyen de 24 heures doit se composer. Telle serait la durée du jour que donnerait uniformément pendant toute l'année le Soleil fictif que nous avons supposé se mouvant régulièrement dans l'équateur à raison d'une vitesse de 0°59'8"3 par jour.

Quant à la détermination du temps moyen pour chaque jour de l'année, elle ne peut être obtenue qu'à l'aide de calculs assez compliqués. Les astronomes ont construit des tables appelées *Tables du Soleil*, établissant pour chaque jour la position du Soleil fictif équatorial par rapport au Soleil réel, de façon qu'on sait de combien de minutes et de secondes le midi moyen précède le midi vrai, ou de combien il est en retard sur ce dernier. Les calculs du temps moyen par rapport au temps vrai sont imprimés plusieurs années à l'avance, dans la connaissance des temps que publie le Bureau des Longitudes. On appelle *équation du temps* les résultats des calculs indiquant à midi les positions relatives du Soleil réel et du Soleil fictif sur lequel se règle le temps moyen.

Ainsi qu'on a déjà pu s'en convaincre par ce qui précède, les questions de temps vrai et de temps moyen sont de la plus haute importance dans la pratique de la vie commune. Elles sont d'une application journalière. On peut faire au temps moyen le reproche d'être une heure de convention fixée sur la marche d'un Soleil qui n'existe pas. Il n'en est pas moins vrai que sans cette heure de convention il n'y a aucune régularité dans la division du temps.

Notons ici que les moments où le Soleil réel et le Soleil fictif coïncident entre eux ne tombent pas pour chaque année à la même époque ; il en résulte que les calculs des rapports du temps moyen avec le temps vrai, au lieu de pouvoir servir indéfiniment, doivent être recommencés tous les ans. Comme les irrégularités du midi solaire dépendent principalement de la différence de vitesse de la marche du Soleil au périgée et à l'apogée, il s'ensuit que le périgée, qui n'est nullement un point fixe, mais bien un point qui se déplace, entraîne un déplacement analogue dans les époques de coïncidence du temps vrai avec le temps moyen.

DES PLANÈTES EN GÉNÉRAL.

Deux planètes, Mercure et Vénus, sont appelées *inférieures,* parce que leurs orbites se trouvent placées entre la Terre et le centre commun. Mars, Jupiter et toutes les autres planètes sont appelées *supérieures,* parce que leurs mouvements se font suivant des orbites placées au delà de l'orbe terrestre.

Les mouvements de ces corps se font tous d'occident en orient, dans une zone de la sphère céleste que l'on nomme *Zodiaque,* et dont la largeur est divisée en deux parties égales par l'écliptique.

Indépendamment de leur mouvement elliptique, les planètes ont un mouvement de rotation sur leur axe, semblable à celui de notre globe, qui les renfle à l'équateur et les aplatit aux pôles. Ce mouvement de rotation n'est point causé par l'attraction ; il est indépendant du mouvement de révolution, quant à sa vitesse et à sa direction, et reste toujours parallèle à lui-même.

Bernouilli a calculé que la force de projection qui, suivant lui, lança les planètes dans l'espace, a frappé la Terre, non pas précisément à son centre, mais à 1/150e du rayon de l'autre côté du Soleil, ce qui produisit le mouvement de rotation sur son axe. Pour Mars, il trouva 1/418, pour Jupiter 7/19. Si l'impulsion primitive eût été appliquée à une plus grande distance de chaque centre, le mouvement de rotation serait plus rapide; si elle eût été donnée dans un point situé de l'autre côté, la direction de l'axe de rotation serait différente.

On appelle *satellites* des planètes secondaires qui tournent autour des planètes principales. Elles n'ont que deux mouvements : le mouvement autour de la planète dont elles dépendent, et le mouvement autour du Soleil : quant à un mouvement sur leur axe, on a reconnu que ce mouvement n'existe point.

On admet généralement que les satellites sont emportés dans l'espace de manière que tous les points de leur diamètre, perpendiculaire à la planète principale, tracent des cercles parallèles à la circonférence de cette même planète. Suivant cette théorie, ils tournent dans leur orbite, en présentant toujours le même hémisphère à la planète qui les régit, de même que la boule d'un bilboquet, dont la corde tendue serait attachée à un point fixe, tournerait autour du centre en lui montrant toujours le même côté, et cependant *ne tournerait point sur son axe*. Cette théorie nouvelle est différente de celle de l'illustre Laplace; elle est d'une grande simplicité, mais elle n'est pas encore démontrée.

Les révolutions périodiques des planètes, ou les temps qu'elles emploient à revenir au même point du ciel, se déterminent en observant avec précision leur retour à la même étoile.

Mercure et Vénus tournent autour du Soleil en moins

de temps que la Terre; dès lors, quand elles sont au delà du Soleil, elles paraissent aller, comme elles vont en effet, d'occident en orient; mais, quand elles sont entre la Terre et le Soleil, comme elles vont plus vite que la Terre, elles semblent rétrograder et aller au contraire d'orient en occident.

Entre le mouvement direct et le mouvement rétrograde il y a nécessairement un instant où la planète paraît stationnaire : les rayons visuels sont alors parallèles entre eux, et la planète paraît quelque temps répondre aux mêmes étoiles. A l'égard des planètes supérieures on peut appliquer le même raisonnement, en considérant la Terre comme une planète inférieure par rapport à elles : car, toutes les fois qu'une planète voit changer l'autre de direction, il en est de même de celle-ci relativement à la première.

MERCURE.

Mercure est la planète la plus voisine du Soleil, elle n'en est qu'à 13,453,000 lieues, et ne s'en écarte jamais de plus de 27°, soit à l'ouest, soit à l'est; on ne la voit que le matin avant le lever du Soleil, ou le soir dans la lumière du crépuscule. Aussi les circonstances favorables à l'étude de sa constitution se présentent-elles fort rarement.

Les passages de Mercure sur le Soleil ont permis de mesurer son diamètre, qui est de 1,247 lieues. Il accomplit sa révolution en 88 jours, et tourne sur son axe en 24 h. 5'. Son volume est de 1/17 de celui de la Terre : la lumière y est sept fois plus vive et la chaleur sept fois plus considérable que celles de nos étés les plus sereins et les plus brûlants. Vu dans de fortes lunettes il présente des phases analogues à celles de la Lune et dirigées comme elles vers le Soleil.

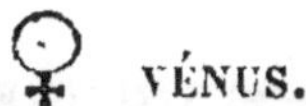

VÉNUS.

Vénus est la plus brillante de toutes les planètes : on la voit même quelquefois en plein jour, comme cela est arrivé en 1849. La durée de son apparition n'est que de trois à quatre heures par jour, le matin vers l'orient, ou le soir vers l'occident. Elle offre les mêmes apparences que Mercure, mais avec des phases plus sensibles. Les cornes de son croissant (1) ont des formes très variées : rarement les pointes aiguës de ce croissant sont nettement visibles; on conclut de ces apparences que Vénus a une atmosphère et des montagnes élevées : c'est vers son premier quartier (2) que son éclat est le plus vif, il baisse lors du deuxième quartier (3), et lorsqu'elle est pleine (4) cette planète perd presque toute sa lumière, car alors elle se trouve de l'autre côté du Soleil et est infiniment plus éloignée de la Terre. Elle fait sa révolution autour du Soleil en 224 j. 16 h., et sa distance à cet astre est de 25 millions de lieues. Dans des circonstances favorables on aperçoit sur la surface de la planète des taches qui paraissent invariables comme celles de la Lune. L'observation de ces taches prouve que Vénus a un mouvement de rotation dont la durée est de 23 h. 21′. Le diamètre de Vénus est presque celui de la Terre. Vénus et Mercure n'ont point d'aplatissement sensible.

♁ LA TERRE. — SES MOUVEMENTS. — SAISONS.

La Terre est la troisième planète suivant l'ordre des distances. Elle est soumise à cinq mouvements principaux.

1° Le *mouvement diurne* ou *autour de son axe*, lequel, à l'équateur, est de 375 lieues par heure, puisqu'elle présente au Soleil en 24 h. sa circonférence qui est de 9,000 lieues. Nous disons à l'équateur, car on conçoit que dans une sphère qui tourne sur son axe le mouvement est d'autant moins rapide qu'on se rapproche plus des pôles, où il devient nul. Ce mouvement occasionne la succession du jour et de la nuit, dont l'inégalité tient à l'inclinaison de l'axe de la Terre sur le plan de l'écliptique. Il s'exécute en 24 h. 56' 4"09 ; car la Terre marche dans son orbite en même temps qu'elle tourne sur son axe.

2° Le *mouvement autour du Soleil;* il se fait en 365 j. 5 h. 48' 48", et il détermine la succession périodique des saisons, due à ce que, l'axe de la Terre étant incliné de 23 degrés et demi sur la perpendiculaire au plan de son orbite, les deux tropiques reçoivent tour à tour les rayons perpendiculaires du Soleil.

3° Le *mouvement des points de l'aphélie et du périhélie* autour de l'écliptique, qui est de près de 21,000 ans : ce mouvement change lentement la durée des saisons. En voici l'explication. Nous savons que les planètes se meuvent dans des ellipses dont le Soleil occupe un des foyers. Le lieu de l'écliptique où la Terre est le plus près du Soleil se nomme *périhélie,* celui où elle en est le plus éloignée *aphélie :* la ligne qui joint ces deux points est le grand axe de l'ellipse et s'appelle *ligne des apsides.* Les points de péribélie et d'aphélie ne sont pas stationnaires ; ils avancent dans l'ordre des signes de 1' 2 par an, de 30° en 1,744 ans, et font le tour entier de l'écliptique en 20,931 ans. Ce mouvement est attribué à l'action de Jupiter et de Vénus.

La mobilité de l'ellipse terrestre étant reconnue, on a pu calculer l'époque où le grand axe a coïncidé avec la ligne des équinoxes, et dans un autre temps lui a été perpendiculaire. Ce dernier phénomène est arrivé vers l'an 1250 de notre ère; alors le périhélie coïncidait avec le solstice d'été; le printemps était égal à l'été et l'automne à l'hiver. Le nombre d'années auxquelles il faut remonter pour trouver l'époque où le grand axe a dû coïncider avec la ligne des équinoxes reporte ce phénomène à 4,000 ans. Dans notre siècle la ligne des apsides coupe celle des équinoxes de manière que les arcs que décrit l'écliptique et qui correspondent aux saisons sont inégaux : les saisons se partagent ainsi l'année :

Le printemps. .	92 j. 906	L'automme. . . .	89 j. 700
L'été.	93 j. 566	L'hiver.	89 j. 070

Tant que le périhélie restera du côté de l'équateur où il est maintenant, le printemps et l'été pris ensemble seront plus longs que l'automne et l'hiver. Ces intervalles deviendront égaux vers l'an 6483, lorsque le périhélie atteindra l'équinoxe du printemps.

Le mouvement des apsides n'a pas pour effet principal de faire varier la durée des saisons; son influence a dû changer périodiquement l'aspect physique de la Terre.

Lorsque la Terre est dans son périhélie, elle est d'un demi-million de lieues moins éloignée du Soleil que dans son aphélie : alors l'action solaire ou la force centripète est augmentée d'un cinquième, et pour la neutraliser le mouvement orbiculaire fait décrire à la Terre 61′ par jour au lieu de 57′, valeur de son mouvement dans l'aphélie, ou bien au lieu de 59′, expression de son mouvement moyen. Cette augmentation doit nécessairement produire une réaction dans les eaux et accumuler les fluides vers le parallèle de la Terre au-dessus duquel tend la direction de ces forces; il en est résulté que dans ce siècle le pôle méridional se trouve environné d'une masse d'eau si étendue, qu'à partir du quarantième degré de latitude méridionale elle n'a laissé à découvert aucune surface de terre un peu considérable dans l'hémisphère sud. Cet effet continuera jusqu'en 6483, où le périhélie coïncidera avec l'équinoxe du printemps comme il a coïncidé 10,466 ans auparavant avec l'équinoxe d'automne, puis il passera du sud au nord et y produira des effets analogues à ceux qu'il exerce maintenant sur l'hémisphère sud. La disparition des terres australes, les traditions indiennes, chaldéennes et égyptiennes, viendraient à l'appui de cette théorie, si le calcul mathématique du mouvement des apsides ne rendait pas superflues ces sortes de preuves.

4° Le *mouvement progressif,* qui amène la diminution de l'obliquité de l'écliptique : il est de 52″ par siècle, environ un degré en 6,700 ans. Ce mouvement rapproche les tropiques, qui étaient probablement autrefois beaucoup plus éloignés l'un de l'autre. On a cru longtemps que cette diminution pouvait par la suite amener l'écliptique à coïncider avec l'équateur et faire régner pendant plusieurs siècles une continuité de mêmes saisons sur toute la Terre; mais des calculs nouveaux semblent indiquer que l'augmentation ou la diminution de l'obliquité de l'écliptique n'est que l'effet d'un mouvement libratoire inscrit dans un angle de trois degrés. Si ce mouvement de l'écliptique était constant, il faudrait qu'il s'écoulât plus de 600,000 ans avant qu'il eût accompli sa révolution en faisant passer tous les points de la Terre sous l'équateur céleste.

5° Un autre mouvement de la Terre est celui qui produit la *précession des équinoxes*, et qui semble faire décrire aux Étoiles, dans le même sens que le Soleil et en 26 mille ans, des cercles parallèles à l'écliptique. Nous allons expliquer ce mouvement en parlant du Zodiaque.

Le *Zodiaque* est une large zone circulaire à laquelle on donne environ 18 degrés de largeur, et dont l'écliptique occupe le milieu. C'est dans le plan de cette zone que sont placées les orbites de presque toutes les planètes. Il est divisé en douze parties qu'on nomme *signes*. Ces signes prennent les noms des constellations qui autrefois correspondaient à chacun d'eux : car le zodiaque est immobile; mais les Etoiles ont un mouvement apparent de l'ouest à l'est parce qu'on les rapporte aux points équinoxiaux, c'est-à-dire aux points où l'équateur coupe l'écliptique, et ces points équinoxiaux ont un mouvement d'orient en occident, qui fait que les constellations du zodiaque ne répondent plus à leurs signes. Ce mouvement rétrograde se nomme la *précession des équinoxes,* parce qu'il fait arriver la révolution *tropique* ou plutôt *équinoxiale* de la Terre 20′25″ avant la révolution *sidérale.* Cette révolution du ciel s'achève en 25,872 ans, ce qui fait environ 51″ par an, ou un degré en 71 ans : de sorte que le signe du Bélier, qui est l'équinoxe du printemps, se trouve dans la constellation des Poissons et très près de celle du Verseau.

La cause qui produit la précession des équinoxes est l'action combinée du Soleil et de la Lune sur le sphéroïde terrestre, qui, à raison de son renflement équatorial, éprouve un effet par lequel la ligne de section de l'équateur avec l'écliptique change lentement de 51″ par an contre l'ordre des signes.

6° La Terre a encore un autre petit mouvement qu'on appelle *nutation*, en vertu duquel l'axe terrestre s'incline tantôt plus, tantôt moins vers l'écliptique. Cette nutation vient de la figure de notre planète, qui n'est pas entièrement sphérique, et sur laquelle l'action de la Lune et celle du Soleil sont un peu différentes, selon les situations où ces deux astres se trouvent par rapport à nous. Bradley est le premier qui ait observé ce mouvement, qui s'accomplit en 19 ans, temps de la révolution complète des nœuds de la Lune.

MESURE DE LA TERRE.

L'observation de la hauteur du pôle, ou celle de la hauteur du Soleil à la même époque de l'année, faite dans différents pays en allant du sud au nord, avait prouvé de temps immémorial que la Terre était ronde. Plus tard on se servit du même moyen pour connaître sa grandeur en en mesurant une partie. Par exemple, on remarqua qu'une étoile qui passait à Paris au zénith à minuit précis, observée à Amiens, qui est précisément au nord de Paris, était abaissée d'un degré, ou que le Soleil à midi y est d'un degré plus bas qu'à Paris; c'est une preuve que la Terre a un degré de courbure depuis Paris jusqu'à Amiens. Or cette distance, mesurée avec exactitude, est de 25 lieues; donc un degré de la Terre, ou la 360e partie de sa circonférence, a 25 lieues d'étendue, d'où il résulte que la circonférence entière est de 25 fois 360, ou de 9,000 lieues.

Cette mesure des degrés terrestres n'est pas cependant en tous lieux de la même longueur; déjà on avait pressenti que la force centrifuge avait dû produire un renflement à l'équateur et aplatir les pôles. Pour vérifier cette théorie on alla mesurer un degré de la terre au Pérou et un autre à Tornéo en Suède; il fut constaté que le degré mesuré vers le nord était de 1,344 mètres plus long que celui mesuré sous l'équateur : ce qui confirma que la Terre était aplatie aux pôles. Les calculs récents donnent pour mesure de cet aplatissement un 305e. Le renflement à l'équateur est encore prouvé par la nécessité où l'on est dans ces régions de diminuer la longueur du pendule pour obtenir le même nombre de vibrations dans un temps donné : ce qui démontre qu'on est à une plus grande distance du centre de la Terre et que les pôles sont aplatis.

Latitudes. — La hauteur du pôle est égale à la latitude du lieu ; car la latitude n'est autre chose que la distance d'un pays à l'équateur terrestre, ou la distance de son zénith à l'équateur céleste. Sous l'équateur, où la latitude est nulle, les pôles célestes sont à l'horizon : si l'on avance d'un degré vers le pôle nord, par exemple, l'étoile polaire paraîtra élevée d'un degré ; si l'on avance de 10°, le pôle s'élèvera de cette hauteur, et ainsi en partant de l'équateur le pôle s'élèvera d'autant de degrés qu'on s'en sera éloigné : l'élévation du pôle est donc égale à la latitude ou à l'éloignement de l'équateur.

L'équateur partageant la Terre, les degrés de latitude se comptent de deux manières : si l'on s'est dirigé vers le pôle sud, la latitude est dite *australe;* si c'est vers le pôle nord, elle est *boréale.*

Longitudes. — Après avoir mesuré la distance de l'équateur aux pôles sous le nom de latitudes, il a été nécessaire de mesurer les distances dans l'autre sens, c'est-à-dire d'occident en orient, et on les a appelées *longitudes,* parce que les pays connus au temps des anciens géographes étaient plus étendus dans le sens de l'occident à l'orient que dans celui du sud au nord. Pour mesurer les longitudes on conçoit plusieurs lignes courbes perpendiculaires à l'équateur et passant par les pôles : ce sont les méridiens terrestres : on les appelle ainsi parce que, quand la Terre, par son mouvement sur son axe, présente une de ces lignes au Soleil, cet astre est alors à son plus haut point pour tous les pays qui sont situés sur cette même ligne. Les *degrés de longitude* sont d'autant plus courts qu'on se rapproche plus des pôles : on peut s'en convaincre en voyant sur les mappemondes les lignes méridiennes se rapprocher jusqu'à ce qu'elles se confondent aux pôles en un seul point.

Le premier méridien est une chose arbitraire parce que, d'une manière absolue, il n'y a ni orient ni occident : il y a à chaque instant un lieu de la Terre où le Soleil se lève et un autre où il se couche. La plupart des astronomes et des géographes comptent la longitude à partir du méridien de leur capitale. En France nous la comptons à partir de Paris. Si une ville est à l'ouest de Paris, on dira que sa longitude est occidentale; si au contraire elle est à l'est, on dira que sa longitude est orientale.

La circonférence de la Terre étant de 360°, comme elle tourne sur son axe de l'est à l'ouest en 24 heures, elle parcourt 15° par heure, car 24 fois 15 font 360; ainsi toutes les villes dont le méridien sera à 15° à l'orient du méridien de Paris auront midi une heure avant Paris. En continuant toujours d'avancer vers l'orient, on gagnerait donc une heure par 15°, ou 4 minutes de temps pour un degré; car, puisqu'il y a 60 minutes dans une heure, si nous divisons ces 60 minutes en 15, qui est le nombre de degrés pour une heure de temps, nous trouverons 4, qui est le nombre de minutes de temps pour un degré de longitude.

Les longitudes se trouvent au moyen des éclipses. Supposons qu'une éclipse ait été observée à Paris à minuit, et aux Indes à six heures du matin; on est sûr que la différence de ces deux méridiens est de 6 heures ou de 90°. Mais, comme les éclipses sont rares et que les navigateurs ont besoin de connaître continuellement la longitude du lieu où ils sont, ils examinent la situation de la Lune à une heure donnée relativement aux Etoiles, puis ils consultent des tables calculées d'avance, et de la différence en plus ou en moins ils concluent exactement la longitude. On peut même se passer de la Lune si l'on a une montre marine qui marque toujours exactement l'heure qu'il est au lieu d'où l'on est parti. En effet, si l'on est parti d'un port quelconque, ayant réglé sa montre sur le méridien du lieu, et qu'après avoir navigué plusieurs jours on observe le moment où le Soleil passe au méridien, par exemple on trouvera que la montre avance de 1 h. 4′; c'est une preuve qu'on a avancé de 16° en longitude, puisque le Soleil parcourt un degré en 4 minutes.

La longitude sert à déterminer la position d'un lieu quelconque de l'orient à l'occident, et la latitude à déterminer la position de ce même lieu dans le sens des pôles; cette double observation suffit pour connaître exactement la situation d'un point sur le globe.

Zones. — La direction des rayons du Soleil sur la Terre a conduit naturellement à la diviser en cinq zones ou bandes circulaires, dont celle du milieu est la *zone torride;* les deux qui sont comprises entre les tropiques et les cercles polaires s'appellent *zones tempérées*, et celles qui se trouvent entre ces derniers cercles et les pôles, *zones glaciales*. La largeur de la première zone est de 46° 56′, dont 23° 28′ de chaque côté de l'équateur, qui la partage en deux parties égales. Les peuples situés dans cette zone, immédiatement sous l'équateur, ont les deux pôles à l'horizon ; ils voient tous les astres se lever et se coucher; leurs jours sont égaux ; le Soleil passe deux fois par an à leur zénith, et cet astre est six mois à leur droite et six mois à leur gauche. Ceux qui sont entre l'équateur et les tropiques ont un des pôles élevés sur l'horizon : c'est pour cela qu'ils ne voient pas toutes les parties du ciel se lever et se coucher comme sous l'équateur; leurs nuits et leurs jours sont inégaux, excepté aux équinoxes.

Les zones tempérées ont chacune 43° 44′ de largeur; le Soleil n'y est jamais vertical, et l'inégalité des jours devient d'autant plus considérable que les climats sont plus voisins des cercles polaires.

Les zones glaciales sont les segments de la surface de notre globe qui comprennent les deux pôles, et qui sont terminés par les cercles polaires. Leur distance aux pôles est de 23° 28′. Il y a en été plusieurs jours sans nuit, et en hiver plusieurs nuits sans jour. Plus on approche des pôles, plus on remarque cette différence.

Nous donnons ici un petit tableau qui indique les plus longs jours aux diverses latitudes du globe.

Latitude.	Plus longs jours.	Latitude.	Plus longs jours	Latitude.	Plus longs jours.
0° 00′	12 heu.	58° 29′	18 heu.	66° 31′	24 heu.
16 23	13 »	61 18	19 »	67 21	1 mois
30 23	14 »	63 22	20 »	69 48	2 »
41 22	15 »	64 49	21 »	73 20	3 »
49 1	16 »	65 42	22 »	78 30	4 »
54 27	17 »	66 20	23 »	84 5	5 »

Aux pôles l'année est composée d'un jour de six mois et d'une nuit de même durée.

ANNÉES CIVILE, TROPIQUE ET SIDÉRALE.

L'année *civile* ne comprenait d'abord que 365 jours,

tandis que l'*année tropique*, c'est-à-dire le retour de la Terre au même point de son orbite, tel qu'un équinoxe, un solstice, est de 365 jours 5 heures 48′ 48″. Cette différence produisit avec le temps une accumulation de jours qui avait transposé le commencement de l'année hors de son vrai lieu. Pour remédier à ces inconvénients, depuis 1582 on ajoute à l'année civile un jour tous les quatre ans, et cette année s'appelle *bissextile;* mais comme il manque à l'année tropique 11′ 12″ pour avoir 365 jours 6 heures, on est obligé de supprimer trois bissextiles en quatre siècles.

L'année sidérale, temps du retour du soleil à une même étoile, est de 365 jours 6 heures 9′ 12″. La cause de l'excès de l'année sidérale sur l'année tropique vient de ce que le Soleil étant de retour à l'équinoxe, il s'en faut de 51″ 1 qu'il réponde au même point du ciel. Ainsi, dans le cours de l'année tropique, c'est-à-dire en 365 jours 5 heures 48′ 48 , le Soleil n'a pas parcouru 360°, mais seulement 359° 59′ 9″ 1, et il lui faut encore 21′ de temps pour parcourir 51″ de degré.

L'an 443 avant l'ère chrétienne, l'astronome grec Méton découvrait qu'au bout de 19 années lunaires, comprenant 235 lunaisons, les mêmes phases de la lune reviennent aux mêmes époques, parce que le Soleil et la Lune sont de nouveau, par rapport à la Terre, dans les mêmes points du ciel que 19 ans auparavant.

Cette période de 19 ans fut appelée *cycle de Méton*. Les Grecs, qui l'accueillirent avec enthousiasme, l'écrivirent en lettres d'or sur des tables qui furent placées dans les temples, d'où la dénomination de *nombre d'or* qu'on lui a donnée. Le nombre d'or, qu'on a conservé l'habitude d'inscrire dans le calendrier, indique le numéro d'ordre de chaque année dans le cycle lunaire de 19 ans.

L'*épacte* d'une année est le nombre qui donne l'âge de la lune au 1er janvier de cette année, et qui indique combien il faut ajouter de jours à l'année lunaire pour la faire finir en même temps que l'année solaire. La lunaison étant de 29 jours 1/2, 12 lunaisons ne vaudront que 354 jours; si l'on suppose que l'année solaire ou civile soit exactement de 365 jours, il s'en suivra que l'année lunaire est de 11 jours plus courte que l'année solaire. Il résulte de là que, si la Lune est nouvelle au commencement d'une certaine année, l'épacte sera 11 l'année suivante et 22 la troisième année. Pour la quatrième, l'épacte devra être 33; mais comme 33 jours forment la durée d'une lunaison plus 3 jours (en nombres ronds), on supprime 30 jours pour cette lunaison et il reste 3 pour le chiffre de l'épacte de la quatrième année. En conséquence, l'épacte augmente donc de 11 jours chaque année jusqu'à ce qu'elle ait dépassé le chiffre 29, nombre des jours du mois lunaire.

La *lettre dominicale* (qui indique le dimanche) avait été inventée à l'usage des calendriers perpétuels qu'on joignait autrefois aux livres de prières. L'année commune, de 365 jours, comprend 52 semaines plus 1 jour; le nom du jour qui la commence est aussi le nom du jour qui la termine. C'est de ce fait qu'on a fait résulter la possibilité de construire un calendrier perpétuel.

Pour cela, il est nécessaire de remplacer les noms des jours par les lettres A, B, C, D, E, F, G, écrites périodiquement en regard des dates respectives; s'il arrive que l'année commence par un samedi, ce jour est désigné par A pendant toute l'année; le dimanche l'est par B, le lundi par C, et ainsi de suite. La lettre qui indique le dimanche pendant toute l'année est celle que nous appelons dominicale; cette lettre change chaque année et recule d'un rang en raison de ce qu'il y a, année commune, un jour de plus que 52 semaines. Dans les années bissextiles, février a 29 jours au lieu de 28 comme dans les années communes; par suite, il doit y avoir deux lettres dominicales, l'une pour janvier et février, et l'autre (la première qui suit dans l'ordre alphabétique) pour les dix derniers mois.

Après une période de 7 années bissextiles, ou de 28 ans révolus, les jours de la semaine reviennent dans le même ordre correspondre aux jours du mois, et par suite les lettres dominicales se reproduisent périodiquement. C'est cette période de 28 ans qu'on a appelée *cycle solaire*, bien qu'elle ne soit en aucune façon calculée d'après un mouvement réel ou apparent du Soleil.

Le numéro d'ordre d'une année dans un cycle solaire étant donné, on obtient la lettre dominicale en prenant celle de l'année de même ordre dans le tableau des 28 années d'un cycle précédent quelconque. On fait partir le cycle solaire de l'an 9 avant l'ère chrétienne. Pour trouver la date du cycle à une année quelconque, il suffit d'ajouter 9 à son millésime et de diviser la somme par 28.

On a de plus, dans le calendrier, l'indiction romaine, cycle de 15 ans qui n'a rien d'astronomique, mais qui se rapporte au mode de perception des impôts au temps des empereurs romains. Pour le trouver on ajoute 3 au millésime de l'année et on divise la somme par 15. Le reste est le numéro d'ordre de l'année dans ce cycle. Lorsqu'il n'y a pas de reste, on prend 15, qui devient ce numéro d'ordre.

LA LUNE.

La Lune est l'un des astres les plus remarquables du système solaire. Son mouvement vrai est le plus prompt de tous ceux qu'on observe dans le ciel. Tous les mois elle change de figure et fait le tour de la Terre dans un sens contraire à celui du mouvement général; chaque jour la Lune retarde et semble rester en arrière des Étoiles ou reculer vers l'orient. Le mouvement particulier par lequel la Lune se retire peu à peu vers l'orient, dans le même temps qu'elle va comme les autres astres vers le couchant, s'appelle le mouvement propre ou périodique. Il est très sensible, puisque dans l'espace de 27 jours la Lune fait le tour de la Terre à contre-sens du mouvement diurne.

Les phases de la Lune sont des phénomènes sensibles

à tous les yeux. Après avoir paru pendant toute la nuit sous une forme ronde et brillante, que nous appelons la *pleine lune*, elle perd peu à peu sa lumière et sa largeur, se lève plus tard et ressemble à un demi-cercle; elle est en *quartier* ou *quadrature*, étant à 90° du Soleil. Quelques jours après, continuant de se rapprocher du Soleil, ce n'est plus qu'un croissant qui paraît le matin à l'orient avant que le Soleil se lève, les cornes vers le haut, opposées au Soleil; mais bientôt, diminuant de grandeur et de lumière, elle se perd dans les rayons du Soleil et disparaît totalement : c'est la *nouvelle lune* ou la *lune en conjonction*.

La Lune, après avoir disparu pendant trois ou quatre jours, reparaît le soir à l'occident après le coucher du Soleil, sous la forme d'un filet de lumière ou d'un croissant dont les pointes sont toujours vers le haut et à l'opposé du Soleil. En continuant de s'avancer vers l'orient et de s'éloigner du Soleil, elle augmente de grandeur et de lumière, et on la voit plus longtemps. Au bout de quatre jours elle est comme un demi-cercle; elle est alors dans son premier quartier. Enfin sept à huit jours après elle brille dans toute sa largeur, parce que le Soleil l'éclaire en face de nous et non de côté; elle se lève quand le Soleil se couche et passe au méridien à minuit : c'est le jour de la *pleine lune* ou de l'*opposition*. Les conjonctions et les oppositions s'appellent *syzygies*.

La révolution de la Lune autour de la Terre, qui occupe le foyer de son ellipse, est ou *sidérale*, ou *périodique*, ou *synodique*.

On entend par révolution sidérale le retour de la Lune à une même étoile; sa durée est de 27 j. 7 h. 43′ 11″.

La révolution périodique a rapport aux équinoxes; sa durée est un peu moindre que celle de la précédente à cause du mouvement rétrograde des points équinoxiaux; aussi la Lune achève-t-elle cette révolution en 27 j. 7 h. 43′ 4″.

La révolution synodique, c'est-à-dire le retour de la Lune, vue de la Terre, au Soleil, est de 29 j. 12 h. 44′ 2″ 9.

Ce qui rend cette révolution plus grande que les précédentes, c'est que, tandis que la Lune s'avance d'occident en orient, la Terre se meut aussi dans le même sens, de sorte que, quand la Lune est revenue au point de son orbite d'où elle était partie, elle a encore un peu de chemin à faire avant de se retrouver en conjonction avec le Soleil. Ce chemin est égal à celui qu'a parcouru la Terre en s'avançant vers l'orient; et, lorsque la Lune a atteint le Soleil, il y a plus de deux jours qu'elle a fini sa véritable révolution.

L'orbe de la Lune est incliné de 5° 7′ à l'écliptique : ses points d'intersection avec l'écliptique, que l'on nomme *nœuds*, ne sont pas fixes dans le ciel; ils ont un mouvement rétrograde ou contraire à celui de la Lune. On appelle *nœud ascendant* celui dans lequel la Lune s'élève au-dessus de l'écliptique vers le pôle boréal, et *nœud descendant* celui dans lequel elle s'abaisse au-dessous du pôle austral.

L'inspection des taches du disque de la Lune fait reconnaître que l'hémisphère qui nous regarde est toujours le même, et on en a conclu qu'elle tournait sur son axe précisément dans le même espace de temps qu'elle accomplit sa révolution autour de la Terre. Cette coïncidence parfaite serait vraiment étrange; il vaut mieux croire que la Lune tourne tout d'une pièce autour de la Terre en lui présentant toujours le même côté, dominé qu'il est par la force attractive de cette planète. Une expérience fort simple fera bien comprendre cette assertion :

Faites entrer une des branches d'un compas dans une orange, fixez la pointe de l'autre branche du compas et décrivez un cercle, et vous verrez que l'orange immobile sur son axe présentera toujours le même côté au centre autour duquel elle aura tourné : elle n'aura qu'un seul mouvement, le mouvement circulaire tout d'une pièce.

Mais, si le mouvement périodique de la Lune fait qu'elle présente à la Terre toujours le même hémisphère, par la même raison, dans le même espace de temps elle découvre au Soleil tous les points de sa surface. Quand elle est au delà de la Terre, c'est le côté que nous voyons qui est éclairé par le Soleil; quand elle est à 90° du Soleil, c'est la moitié du côté que nous voyons habituellement et la moitié de celui que nous ne voyons point qui reçoit sa lumière, et lorsqu'elle est entre nous et le Soleil, c'est l'hémisphère que nous ne voyons jamais qui est éclairé à son tour. On infère de là qu'un habitant de la Lune n'a qu'une nuit et un jour pour chaque révolution synodique, de même il n'aura jamais la vue de la Terre s'il se trouve dans l'hémisphère qui nous est inconnu; au contraire, pour la face qui nous regarde, les phases terrestres changeront graduellement et à vue dans une seule de ces nuits de 15 fois 24 heures. La clarté solaire disparaissant sera aussitôt remplacée par celle que réfléchira la Terre paraissant en forme de croissant, augmentant, devenant pleine, décroissant et disparaissant enfin au moment où le Soleil se lèvera au côté opposé. Notre globe doit avoir pour la Lune une surface 13 fois plus grande que celle que la Lune a pour nous; il réfléchit 13 fois plus de lumière.

On voit distinctement après la nouvelle lune que le croissant qui en fait la partie lumineuse est accompagné d'une faible lumière répandue sur le reste du disque, et qui nous fait entrevoir toute la rondeur de la Lune : c'est la *lumière cendrée :* ce phénomène est dû à la réflexion de la lumière du Soleil par la Terre qui renvoie, avons-nous dit, à la Lune 13 fois plus de lumière qu'elle n'en reçoit.

La lumière de la Lune n'est accompagnée que d'une très faible chaleur. Pendant longtemps on a refusé toute action calorifique à la Lune. Des expériences récentes exécutées avec des instruments plus parfaits ont permis de conclure que notre satellite réfléchit de la chaleur en même temps que de la lumière.

Jusqu'ici on n'a point découvert d'atmosphère sensible dans la Lune; mais les télescopes ont fait reconnaître que sa circonférence est couverte d'aspérités, et la proportion de ces aspérités avec le diamètre de l'astre a démontré qu'il y existe de hautes montagnes. Enfin on a remarqué sur son disque des points lumineux, qui ont même été aperçus pendant les éclipses de Soleil, lorsque la face que la Lune nous présente est directement opposée à cet astre. Ces circonstances indiquent que les points dont il s'agit sont lumineux par eux-mêmes. Il est donc possible que ce soient des volcans qui aient des intermissions, comme ceux du Vésuve et de l'Etna.

Nous verrons comment on est parvenu à mesurer la distance de la Lune à la Terre, qui est de 85,000 lieues.

MARÉES.

Après avoir traité de la Lune, nous croyons devoir parler des marées, puisqu'elles sont produites principalement par l'attraction de la Lune sur les mers qui recouvrent les trois quarts de la surface du globe.

Il y a dans les marées trois phénomènes principaux. Le premier revient deux fois par jour, le second deux fois par mois, le troisième deux fois l'année. Tous les jours, quelque temps après le passage de la Lune au méridien, on voit les eaux de la mer se soulever pendant 6 heures et envahir les rivages jusqu'à une hauteur considérable : la mer devient ensuite stationnaire ; bientôt elle redescend pendant 6 heures pour remonter de nouveau lorsque la Lune passe à la partie inférieure du méridien ; en sorte que la haute mer et la basse mer, le *flot* et le *jusant*, s'observent deux fois le jour, et retardent de 48 minutes, plus ou moins, comme le passage de la Lune au méridien. Le second phénomène consiste en ce que les marées augmentent sensiblement au temps des nouvelles et des pleines lunes, et l'augmentation est surtout très sensible quand la Lune est au périgée. Enfin le troisième phénomène des marées est l'augmentation qui arrive vers les deux équinoxes, en sorte que le cas où les marées sont les plus fortes est celui d'une syzygie périgée, c'est-à-dire celui où le Soleil, la Terre et la

Lune sont sur une même ligne et le plus près possible.

Cette dernière observation prouve que l'action de la Lune n'est pas unique sur les marées et que la cause en réside aussi dans le Soleil. Cet astre, par son attraction sur la mer, l'élève et l'abaisse dans un jour, en sorte que le flux et le reflux solaires se renouvellent à chaque intervalle d'un demi-jour solaire. Pareillement le flux et le reflux produits par l'attraction de la Lune se renouvellent à chaque intervalle d'un demi-jour lunaire. Ces deux marées partielles se combinent sans se nuire. Lorsque deux marées coïncident, la marée composée est à son *maximum*, c'est ce qui a lieu vers les pleines et les nouvelles lunes. Lorsque la plus grande hauteur de la marée lunaire coïncide avec le plus grand abaissement de la marée solaire, la marée composée est à son *minimum*, et c'est ce qui a lieu vers les quadratures, c'est-à-dire quand le Soleil et la Lune sont éloignés de 90°. On voit ainsi que la marée totale varie avec les phases de la Lune; mais ce n'est point aux instants mêmes de la nouvelle et de la pleine lune et de la quadrature que répondent les plus grandes et les plus petites marées; l'observation a fait connaître que les plus grandes et les plus petites marées, dans nos ports, suivent d'un jour et demi les instants de ces phases.

Ce qui semble d'abord difficile à comprendre quand on réfléchit au mouvement des marées, c'est ce double flux et reflux qui s'opère en 24 heures. Si l'on conçoit que la Lune, en franchissant notre méridien, puisse élever les eaux, comment arrive-t-il que 12 heures après elle puisse produire du côté où elle n'est plus un résultat semblable? Essayons, en suivant la théorie de Newton, de répondre à cette objection.

Nous savons que les lois de la pesanteur sont universelles. Si la Lune obéit sans cesse à l'attraction de la Terre qui la retient dans son orbite, elle exerce aussi sur la Terre une action qui suffit pour élever la masse des eaux tournées vers ce satellite; dans cette situation ces eaux sont plus près de la Lune que ne l'est le centre de la Terre, et le peu d'adhérence de leurs molécules leur permet de céder quelque peu à son attraction ; réciproquement les eaux du côté opposé étant moins attirées que le centre du globe doivent rester en arrière, et paraissent s'élever tandis que dans les lieux qui voient la Lune à l'horizon, où la distance est de 90° au méridien, les eaux sont basses puisque celles qui s'élèvent simultanément au zénith et au nadir ne peuvent le faire qu'aux dépens des eaux qui occupent les lieux intermédiaires. On peut donc considérer les marées comme deux montagnes liquides s'élevant sur deux points opposés de la Terre, qui suivent la Lune dans sa course, et parcourent la surface de l'Océan pendant le temps, plus 48 minutes, de la rotation de la Terre sur son axe.

On a observé que le soulèvement des eaux retarde de plusieurs heures sur le passage de la Lune au méridien, et qu'elles mettent plus de temps à descendre qu'à monter. On attribue ce retard et cette irrégularité au frottement des eaux sur le fond de la mer et sur les côtes, à l'adhésion de leurs molécules et à la rotation de la Terre, qui empêchent l'écoulement instantané des marées. Quant à la différence de l'heure de la marée dans les différents ports, elle tient uniquement à la configuration des mers et des côtes.

Les marées sont peu sensibles dans les petites mers, parce que l'action de la Lune et du Soleil sur un espace couvert d'eau est d'autant plus énergique que les particules fluides sont plus nombreuses et répandues sur une plus grande surface.

Le phénomène des marées est donc venu se rattacher à la force universelle qui fait graviter les mondes. Depuis longtemps on dresse des tables qui indiquent d'avance l'instant précis du retour d'une marée dans un port quelconque ; on peut même préciser la hauteur à laquelle les eaux doivent s'élever, à moins que des circonstances passagères, telles que l'action des vents, n'obtiennent un instant la prépondérance sur l'attraction continue de la Lune et du Soleil.

♂ MARS.

Mars est la première des planètes supérieures; elle est éloignée du Soleil de 53 millions de lieues. La durée de sa révolution sidérale est de 687 jours. Un observateur placé dans Mars verrait le diamètre du Soleil beaucoup moins grand que nous ne le voyons : la surface de cet astre n'y semblerait que les 4/9es, et la lumière et la chaleur y doivent être dans la même proportion. Cette planète, dont le volume n'est que le 1/5e de celui de la Terre, ne se meut point exactement dans le plan de l'écliptique, elle s'en écarte quelquefois de plusieurs degrés. Les variations de son disque apparent sont fort grandes ; à la conjonction il n'est que de 3″, on ne peut le voir sans lunette; à la moyenne distance au Soleil il est de 19″ ; mais il augmente à mesure que la planète se rapproche de son opposition, où il s'élève à 30″ : à ce moment Mars est très brillant, car il ne se trouve plus qu'à 18 millions de lieues de la Terre, tandis qu'à la conjonction il en est à 88 millions de lieues. Ce phénomène revient tous les 2 ans et 50 jours.

On voit le disque de Mars changer de forme et devenir ovale, suivant sa position par rapport au Soleil : ces phases prouvent qu'il en reçoit sa lumière. Des taches que l'on observe à sa surface ont fait reconnaître qu'il se meut sur lui-même en 24 h. 37′ 10″. Son diamètre est un peu plus petit dans le sens des pôles que dans celui de son équateur. Suivant les mesures d'Arago ces deux diamètres sont dans le rapport de 189 à 194.

PLANÈTES TÉLESCOPIQUES.

On appelle planètes télescopiques celles qui ne sont pas visibles à l'œil nu. Il y en a aujourd'hui une soixantaine et leur nombre augmente chaque année. Ces petites planètes sont toutes placées entre l'orbe de Mars et celui de Jupiter.

Une idée de Képler fut réveillée par la découverte

d'Uranus. Si l'on prend la différence entre les distances des planètes au Soleil, on observe un saut brusque entre Mars et Jupiter. Képler avait fait cette remarque parce qu'il trouvait des proportions harmoniques dans les distances des planètes, excepté entre Mars et Jupiter, où il manquait, disait-il, un accord. Quelle joie n'eût pas éprouvée ce grand homme s'il eût appris la découverte des planètes télescopiques qui viennent de remplir cette lacune!

Pour rendre l'idée de Képler d'une manière intelligible, remarquons que les distances des planètes suivent la progression des multiples de 3 en doublant toujours. Partant donc de Mercure, représenté par 4, Vénus est à 4 plus 3; pour la Terre, c'est 4 plus 2 fois 3; pour Mars. 4 plus 4 fois 3; pour Jupiter, 4 plus 16 fois 3; pour Saturne, 4 plus 32 fois 3; pour Uranus, 4 plus 64 fois 3; pour Neptune, 4 plus 128 fois 3; mais cette progression était interrompue entre Mars et Jupiter, où il manquait 8 fois 3. Cependant ces rapports ne sont pas rigoureusement exacts, comme on peut s'en convaincre en comparant la distance respective des planètes.

Ce fut pendant la première nuit qui couvrit l'horizon de notre siècle que Piazzi découvrit la planète Cérès, entre l'orbite de Mars et celui de Jupiter. Olbers, qui découvrit ensuite Pallas, conçut l'idée que ces deux planètes étaient des fragments d'une masse plus considérable brisée en éclats par une cause quelconque : dans cette hypothèse, les deux fragments trouvés et les autres encore inconnus devaient à chaque révolution passer dans la région du ciel où l'explosion avait eu lieu. La découverte qu'il fit plus tard de Vesta a donné à son hypothèse une consistance que les découvertes ultérieures semblent confirmer. L'observation montre que les nouvelles planètes télescopiques satisfont aussi bien que les anciennes aux trois lois de Képler. Chacune d'elles décrit une ellipse dont le soleil occupe un des foyers et parcourt son orbite écliptique conformément à la loi des aires.

♃ JUPITER.

Jupiter est, après Vénus, la plus brillante des planètes, quelquefois même il la surpasse en éclat. C'est la plus grosse de toutes : son volume est 1,414 fois plus grand que celui de la Terre ; sa distance au Soleil est de 180 millions de lieues, et il tourne sur son axe en 9 h. 56', ce qui est une vitesse considérable, et qui a produit un aplatissement de 1/18e à ses pôles. Sa révolution autour du Soleil est de 11 ans 315 jours.

On observe autour de Jupiter quatre petits satellites qui l'accompagnent sans cesse. On les voit quelquefois passer sur le disque de la grosse planète et y projeter leur ombre, qui décrit alors une corde sur ce disque : Jupiter et ses satellites sont donc des corps opaques éclairés par le Soleil.

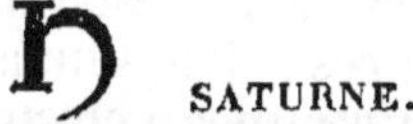

SATURNE.

Cette planète, son anneau et ses sept satellites, forment le système partiel le plus riche que nous connaissions; mais la grande distance qui nous en sépare est le principal obstacle aux progrès des connaissances que nous avons déjà sur son état physique. Sa distance moyenne au Soleil est de 332 millions de lieues, et la planète décrit cette courbe en 29 ans 5 mois et 14 jours. Les diamètres de Saturne ne sont pas égaux entre eux; celui qui se dirige dans le sens de ses pôles est plus petit de 1/11e. Cet aplatissement avait fait présumer que cette planète tournait rapidement sur son axe, ce que l'observation a confirmé : en effet, elle accomplit sa rotation en 10 h. 30'. Vu de Saturne, le Soleil doit y paraître 90 fois moindre qu'à nous.

Saturne présente un phénomène unique dans l'univers; en effet, on le voit souvent au milieu de deux petits corps qui semblent lui adhérer, et dont la figure et la grandeur sont très variables. En suivant avec soin ces singulières apparences, Huyghens a reconnu qu'elles sont produites par un anneau circulaire, large et mince, qui environne le globe de Saturne et qui en est séparé de toutes parts. Cet anneau, incliné au plan de l'écliptique, ne se présente jamais qu'obliquement à la Terre sous la forme d'une ellipse qui se rétrécit de plus en plus à mesure que le rayon visuel mené de Saturne à la Terre s'abaisse sur le plan de l'anneau, dont l'arc extérieur finit par se cacher derrière la planète, tandis que l'arc intérieur se confond avec elle. Alors on ne distingue plus que les parties de l'anneau qui s'étendent de chaque côté de Saturne : ces parties diminuent peu à peu de largeur et disparaissent quand la Terre est dans le plan de l'anneau, dont l'épaisseur est trop mince pour être aperçue. L'anneau disparaît encore lorsque le Soleil, venant à rencontrer son plan, n'éclaire que son épaisseur. Il continue d'être invisible tant que son plan se trouve entre le Soleil et la Terre, et il ne reparaît que lorsque le Soleil et la Terre se trouvent du même côté de ce plan, en vertu des mouvements de Saturne et de la Terre.

L'anneau tourne autour du même axe que Saturne, et dans le même espace de temps ; sa largeur ne peut être évaluée que par approximation : on la croit de 1″, ce qui à cette distance répond à 1,500 lieues. Cet anneau est isolé et laisse un espace vide entre lui et Saturne, à travers lequel on peut distinguer les petites étoiles. L'anneau est lui-même formé de deux ou plusieurs anneaux concentriques, détachés l'un de l'autre, qui tournent ensemble quoique séparés par un vide qu'on y aperçoit sous la forme d'une ligne noire et circulaire.

Au spectacle extraordinaire que doit offrir aux habitants de Saturne l'aspect de ce double anneau mouvant éclairé par les rayons du Soleil, il faut encore ajouter celui de sept satellites qui se meuvent d'occident en orient dans des orbes presque circulaires ; quelques-unes de ces lunes se lèvent quand les autres se couchent ; parfois il arrive aussi qu'elles se montrent toutes sur l'horizon.

♅ URANUS.

Cette planète avait échappé par sa petitesse aux anciens observateurs. Flamsteed à la fin de l'avant-dernier siècle, Mayer et Lemonnier dans le dernier, l'avaient déjà observée comme une petite étoile ; mais ce n'est qu'en 1781 qu'Herschell a reconnu que c'était une vraie planète. Sa distance du Soleil est de 682 millions de lieues ; sa révolution est d'environ 84 ans. Le Soleil doit y paraître 400 fois moindre qu'à nous : son diamètre est de 13,490 lieues. Six satellites se meuvent autour d'Uranus dans des orbes à peu près circulaires.

♆ NEPTUNE.

Nous avons dit en parlant de l'attraction, que tous les corps exerçaient les uns sur les autres une puissance attractive en raison directe de leur masse et en raison inverse du carré de leur distance. Il en résulte que non-seulement le Soleil attire les planètes, mais qu'il est attiré par elles, et qu'elles réagissent les unes sur les autres, de sorte que leurs révolutions éprouvent quelquefois une perturbation dont le calcul est la gloire des astronomes modernes.

Les tables qu'ils dressaient d'avance de ces perturbations relativement à la planète Uranus, en tenant compte de l'influence perturbatrice de toutes les planètes connues, contenaient des différences trop grandes entre les positions observées et les positions calculées pour être attribuées à des erreurs d'observations; d'ailleurs ces différences suivaient une marche régulière et progressive. L'hypothèse la plus naturelle était de les considérer comme le résultat de l'action perturbatrice d'une planète inconnue. Pour trouver cette planète, il fallait résoudre le problème inverse des perturbations : on avait pour données les différences dont nous venons de parler, considérées comme provenant entièrement de l'action d'une seule planète, et pour inconnues la masse de cette planète, ses éléments elliptiques, et sa longitude à une époque déterminée. Le problème a été résolu par M. Le Verrier : la planète troublant les mouvements d'Uranus a été aperçue par M. Galle le 25 septembre 1846, à 52' seulement du point assigné par le calcul : on l'a nommée *Neptune*. La distance de cette nouvelle planète au Soleil est de 1,052 millions de lieues, et sa révolution doit s'accomplir en 165 ans.

L'intensité de la chaleur et de la lumière diminuant, comme la force attractive, en raison du carré de la distance, et Neptune étant 30 fois plus éloignée du Soleil que la Terre, elle doit recevoir de cet astre 900 fois moins de chaleur et de lumière que nous. C'est encore 100 fois la lumière de la Lune.

VULCAIN.

Telles étaient en septembre 1859 nos connaissances

acquises sur le système planétaire. Cependant le célèbre astronome à qui l'on doit principalement la découverte de Neptune, M. Le Verrier, répétait en silence sur les mouvements de Mercure les mêmes calculs qui l'avaient conduit à signaler la cause des perturbations d'Uranus. Ce fut un événement dans le monde des savants quand M. Faye vint lire à l'Académie des sciences, au nom de son confrère, alors en voyage, un mémoire où l'existence d'une nouvelle planète entre Mercure et le Soleil était annoncée d'une manière positive, avec la certitude que les chiffres donnent à l'astronomie mathématique.

L'accord entre la théorie et les observations est toujours affirmé, disait Bessel il y a 30 ans, mais sans qu'on l'ait jamais jusqu'ici vérifié d'une manière assez sérieuse. Dès 1842, les mouvements de Mercure, la planète réputée la plus voisine du Soleil, avaient attiré l'attention de M. Le Verrier, et il donna un premier travail sur ce sujet, mais ce travail ne fournissait aucune solution et devait être repris.

Il y avait dans le premier travail du savant astronome des erreurs que l'emploi des tables rectifiées du Soleil ne pouvait faire disparaître, et ces erreurs auraient pu faire supposer des inexactitudes grossières dans les observations de Lalande, de Cassini, de Bouguer. M. Le Verrier vit bien que l'erreur tenait non pas à l'observateur, mais à l'astre observé. C'était une perturbation inconnue qui se révélait dans les mouvements de Mercure.

M. Le Verrier eut l'idée ingénieuse de chercher si, en ajoutant un certain nombre de secondes au mouvement séculaire du périhélie de Mercure, il n'arriverait pas à faire concorder toutes les observations faites sur les divers passages de cet astre devant le disque du Soleil. Il vit alors qu'il suffisait d'augmenter de 38″ le mouvement séculaire du périhélie de Mercure pour représenter toutes les observations des passages de cette planète à moins d'une seconde près, et même la plupart d'entre elles à moins d'une demi-seconde.

Il y avait donc une perturbation inconnue qui s'exerçait sur Mercure, mais quelle était la cause de cette perturbation? Fallait-il l'attribuer à Vénus, la planète voisine de Mercure? On ne pouvait accorder à Vénus la puissance d'augmenter de 38″ le mouvement calculé, qu'à la condition d'accroître la masse attribuée à cette planète du *dixième* au moins de sa valeur, et dans ce cas on trouverait encore une erreur de 2″ 1/2 dans la valeur mesurée de l'obliquité de l'écliptique.

M. Le Verrier supposa qu'une planète était située entre Mercure et le Soleil et qu'elle se mouvait dans une orbite circulaire peu inclinée à celle de Mercure. Cette planète devant imprimer au périhélie de Mercure un mouvement séculaire de 38″, il en résulte entre sa masse et sa distance au Soleil, une relation telle qu'à mesure qu'on supposera une distance plus petite, la masse augmentera et inversement. Pour une distance un peu inférieure à la moitié de la distance moyenne de Mercure au Soleil, c'est-à-dire pour sept millions de lieues environ, la masse cherchée devait être égale à celle de Mercure.

Comment un pareil astre, assurément très éclatant, pouvait-il exister sans qu'on l'eût jamais aperçu au moins pendant les éclipses totales de Soleil ou au moment de son passage devant le disque solaire. — Toutes les difficultés, répondit M. Le Verrier, disparaîtraient en admettant, au lieu d'une seule planète, l'existence de toute une série de corpuscules circulant entre Mercure et le Soleil.

M. Le Verrier était loin alors de soupçonner que la nouvelle planète dont le calcul lui avait révélé l'existence était découverte depuis près de six mois.

Une foule d'astronomes, ambitionnant l'honneur de découvrir télescopiquement l'astre indiqué, envoyaient à l'Observatoire de Paris de prétendues observations de corps planétaires qu'ils disaient avoir surpris passant sur le Soleil; mais, n'y trouvant aucune des conditions dans lesquelles devait exister l'astre inconnu, M. Le Verrier ne les avait pas prises au sérieux.

Dans la dernière semaine de 1859, il reçut une nouvelle lettre. Elle lui venait d'un médecin de campagne, le docteur Lescarbault, et elle était datée d'Orgères (Eure-et-Loir). Cette lettre lui parut digne de toute son attention.

Le 26 mars 1859 le ciel était couvert dans une grande partie de la France, et cependant il faisait beau sur le plateau d'Orgères. Dans l'intervalle de deux visites à ses malades, le Dr Lescarbault trouva le temps de mettre l'œil à une lunette pour examiner le Soleil. Il aperçut sur le disque un petit corps noir et rond qui ne ressemblait aucunement à une des taches de l'astre.

Désirant savoir si ce corps avait un mouvement propre, il attendit, et bientôt il remarqua qu'il avait fait du chemin. Il n'y avait plus de doute : ce petit corps noir était une planète.

M. Lescarbault nota soigneusement l'heure de la sortie de la planète hors du disque solaire, et prit ses mesures d'angles. Il estima que la corde qu'elle avait parcourue sur le Soleil était de 9′ 13″ d'axe, c'est-à-dire que le nouvel astre avait effectué son passage en 4 heures, 26′ 46″. Suivant M. Le Verrier, la corde décrite par la planète serait réellement de 9′ 17″, et M. Lescarbault n'aurait commis qu'une erreur de 4′ d'axe dans cette difficile évaluation.

La durée de la révolution de la nouvelle planète autour du Soleil serait d'environ 19 jours et 17 heures et elle ne s'en écarterait pas de plus de 7 degrés dans ses plus grandes élongations à l'est et à l'ouest. L'inclinaison sur l'écliptique est de 12 degrés. On comprendra que, plongée aussi profondément dans les rayons du Soleil, elle ne puisse être visible qu'au moment de son passage sur cet astre, en réfléchissant que Mercure, dont la plus grande élongation est de 23°, ne se laisse facilement observer qu'au moment où il atteint son plus grand éloignement à l'est et à l'ouest.

M. Lescarbault, qui avait observé en 1845 le passage de Mercure sur le Soleil, estima, d'après ses mesures, le diamètre de la nouvelle planète au quart de celui de

Mercure, ce qui lui donnerait la valeur d'environ 310 lieues. Si elle n'est pas plus grosse que ne l'indique l'observateur, il est probable qu'elle n'est pas seule dans cette région du ciel.

Toutes ces données étaient de nature à faire naître la confiance; cependant M. Le Verrier ne comprenait pas qu'un observateur eût découvert le nouvel astre depuis neuf mois sans en avoir fait part aux savants; il voulut en juger par lui-même, et, le 31 décembre 1859, il partit pour Orgères avec un ami.

Dans le pays, il s'informa du docteur Lescarbault, et partout il apprit que c'était un homme plein de savoir, entouré de l'estime et de la considération générales; mais tout le monde s'accordait à lui trouver un défaut, c'est qu'il s'occupait trop de regarder les astres.

Les deux voyageurs ne furent pas médiocrement surpris en arrivant de trouver un observatoire très sérieux, muni d'une lunette méridienne. M. Lescarbault n'était pas seulement observateur, mais encore constructeur. C'était lui qui avait fabriqué la plupart de ses instruments. En ajustant à des tubes des lentilles qu'il s'était procurées de côté et d'autre, il avait réussi à faire de bonnes lunettes. Il n'avait pas d'horloge, mais il avait trouvé le moyen de faire battre la seconde avec une boule d'ivoire attachée au bout d'une ficelle.

M. Le Verrier lui posa de nombreuses questions sur la manière dont il avait acquis les données qu'il annonçait sur la planète vue à son passage devant le soleil. Les réponses furent pleinement satisfaisantes.

Mais, si M. Lescarbault était toujours disposé lorsqu'il s'agissait de faire des instruments ou d'observer le ciel, il n'en était pas ainsi lorsqu'il s'agissait d'écrire; son observatoire était entièrement dépourvu de papier, de plumes et d'encre; c'est à peine si M. Le Verrier put y trouver un carré de papier grand comme deux doigts sur lequel étaient consignés les résultats de ses calculs. Pour le reste, il le notait à la craie sur une planche de sapin. Il faut ajouter que M. Lescarbault, quand sa planche était remplie d'hiéroglyphes, faisait tout disparaître d'un coup de rabot.

M. Le Verrier a rapporté la planche et l'a présentée à l'Académie des sciences. Quant aux époques où la nouvelle planète pourra être cherchée utilement et retrouvée, le savant astronome pense que ce sera en mars et en septembre.

Nous devons ajouter qu'au moment où nous écrivons elle n'a pas encore été retrouvée. En attendant sa vérification complète, on lui a cependant donné le nom de Vulcain. On comprend facilement que nous n'en devions pas parler avant d'avoir fait connaître l'ensemble du système planétaire.

PARALLAXE ET MESURE DES DISTANCES.

Tous les calculs astronomiques sont fondés sur la mesure des angles et sur la connaissance du rapport des divisions de la circonférence au rayon du cercle. On est convenu de diviser le cercle en 360 parties qu'on appelle *degrés*. Si l'on trace un cercle de 10 centimètres de diamètre et qu'on le divise en 360 parties, puis qu'on divise le rayon de ce cercle en parties de la même grandeur, on verra qu'un degré est environ la 58e partie du rayon.

Cette remarque est importante; elle va donner un moyen certain de calculer la distance des planètes. C'est avec un cercle ainsi divisé qu'on mesure les arcs dans le ciel. On pousse ces divisions jusqu'à la 3,600e partie d'un degré sur un cercle de 2 à 3 mètres de diamètre, en sorte qu'on mesure dans le ciel les minutes, les secondes et même des fractions de seconde.

Pour connaître l'éloignement d'une planète, il suffit de savoir quelle différence on trouve en la regardant de divers endroits de la Terre : car plus un objet est près de nous, plus il paraît changer de position relativement aux objets placés derrière lui quand on change de place pour le regarder : cette différence d'aspect s'appelle *parallaxe*.

Pour déterminer la parallaxe, deux observateurs très éloignés l'un de l'autre mesurent la hauteur d'un astre dans le méridien : c'est ce que fit en 1751 Lacaille au cap de Bonne-Espérance et simultanément Lalande à Berlin. Nous allons essayer par une comparaison de faire comprendre au lecteur ce calcul trigonométrique aussi simple qu'ingénieux.

Supposons une habitation bâtie sur le penchant d'une colline et dont le jardin en terrasse descend vers le fond d'une vallée. Si dans ce jardin est placée une colonne portant un globe, et si ce globe est de niveau avec les fenêtres du rez-de-chaussée, en regardant horizontalement par une de ces fenêtres on verra le globe répondre à un point quelconque d'une colline opposée. Qu'on observe ensuite ce même globe de la fenêtre d'un étage supérieur, il paraîtra répondre à un autre point, et ce point sera moins élevé sur le coteau.

Le point où ce globe répondait lorsqu'on l'observait horizontalement était son *vrai lieu* pour le rez-de-chaussée, qui, dans notre supposition, représente le centre de la Terre ; le lieu où répond le même globe vu de la fenêtre plus élevée est le lieu *apparent*, et cette fenêtre indique un point sur la surface de la Terre où serait placé le second observateur. Si l'on suppose maintenant que le globe de la colonne représente la Lune et la colline la voûte étoilée, on connaît la distance de la Terre à la Lune.

Il est clair, en effet, que, le rayon visuel tiré du rez-de-chaussée au globe, la distance qui sépare les deux étages et le rayon visuel tiré de la fenêtre supérieure forment trois lignes qui sont les trois côtés d'un triangle rectangle ; car la distance qui sépare les deux étages est perpendiculaire au rayon qui part du rez-de-chaussée.

Or une des premières propositions de la géométrie nous apprend que lorsqu'un triangle est rectangle, la somme des deux angles autres que l'angle droit est de 90° ; si l'angle que le rayon visuel de la fenêtre élevée de la maison fait avec sa hauteur verticale est, par exemple, de 88°, ce nombre étant soustrait de 90°, il reste 2° pour l'angle au sommet du globe ; cet angle de 2° est donc la mesure de la parallaxe.

La supposition que nous venons d'indiquer est précisément basée sur la méthode dont on s'est servi pour fixer la distance de la Lune à la Terre. Concevons maintenant une ligne droite tirée à travers la Terre et joignant les lieux de deux observateurs ; cette ligne sera la base d'un triangle dont les deux autres côtés seront les lignes de chaque observateur de la Lune; et, comme dans le triangle deux angles et la base sont connus, il en résulte nécessairement la connaissance des deux autres côtés et du troisième angle. Par exemple, si la base du triangle ou la distance qui sépare les deux observateurs est de 1,432 lieues (grandeur du rayon ou demi-diamètre terrestre), et si pour l'un d'eux la Lune a paru plus élevée d'un degré que pour l'autre, cette différence d'un degré est évidemment l'angle sous lequel serait vu de la Lune le rayon de la Terre; et, si l'on veut savoir ce qui en résulte pour l'éloignement de la Lune, on n'a qu'à se rappeler que nous venons de reconnaître qu'un angle d'un degré est à peu près la 58e partie de la longueur du rayon.

Il suit de là que les deux rayons visuels qui, des lieux des deux observateurs, vont faire sur la Lune un angle d'un degré, sont 58 fois plus longs que leur écartement, et cet écartement étant de 1,432 lieues, l'éloignement de la Lune à la Terre est 58 fois ce nombre, ou environ 83,000 lieues.

L'orbite de la Lune étant elliptique, la parallaxe diminue en raison de son éloignement. A l'apogée elle est de 53′ 16″; dans ses distances moyennes, elle est de 57′ 1″, et au périgée elle est de 61′ 26″. Cette variation dans la parallaxe, qui est toujours en rapport direct avec le diamètre apparent d'une planète, a permis de calculer avec la plus rigoureuse exactitude l'excentricité de l'orbite lunaire.

Nous avons dit en commençant que la parallaxe est d'autant plus sensible que l'objet observé est plus rapproché; aussi le diamètre de la Terre, n'étant qu'un point comparé à la distance du Soleil, ne peut servir de base pour calculer son éloignement. Si deux observateurs placés sur les côtés opposés de la Terre examinent le Soleil dans le même moment, le centre de cet astre leur paraîtra à l'un et à l'autre dans le même point du ciel; mais, quand Vénus est entre le Soleil et la Terre, la distance entre nous et entre elle étant trois ou quatre fois moindre qu'entre le Soleil et nous, si Vénus est vue par deux observateurs situés à l'antipode l'un de l'autre, mais sous le même méridien, ils la verront tous les deux passer sur le Soleil; il n'y aura de différence que dans les instants où ils verront commencer ou finir le passage. Par exemple, en 1769 on alla observer de différents lieux de la Terre le passage qui devait avoir lieu, notamment à Wardhus, à l'extrémité septentrionale de la Laponie, et à l'île Taïti, au milieu de la mer du Sud. Vu de Wardhus, il dura 5 h. 53′ 11″, et, vu de Taïti, il dura 5 h. 30′ 4″; ce qui fait une différence de 23′ 10″. Ensuite par le calcul on a déterminé quelle aurait dû être cette différence pour telle ou telle distance de la Terre au Soleil, et on a trouvé qu'en la supposant de 35 millions de lieues (ce qui donne pour la parallaxe du Soleil ou l'angle sous lequel la Terre en serait vue, 8″ 6), le résultat du calcul s'accordait passablement avec celui des deux observations ci-dessus. Nous disons passablement, et en effet l'incertitude peut aller à 200,000 lieues; elle peut paraître énorme; mais quand on y réfléchit, on voit que ce n'est pas une lieue de mécompte sur 180. Il y a peu de distances, même sur la Terre, qui soient connues avec plus de précision.

Quant à la distance des planètes supérieures, c'est au moyen de la *parallaxe annuelle* ou parallaxe de l'orbe terrestre qu'on est parvenu à la connaître, et tous ces calculs ont confirmé la vérité de la troisième loi de Képler.

Nous avons déjà dit que la parallaxe des Étoiles était insensible, et que deux observations faites aux deux points opposés de l'orbe terrestre à une distance de 70 millions de lieues n'apportent aucun changement apparent ni dans la position respective des étoiles, ni dans la dimension de leur diamètre, ni dans leur éclat. Si cette parallaxe était d'un degré pour les étoiles les moins éloignées, l'orbe terrestre serait vu de ces étoiles sous cet angle, et comme un degré est la 58e partie du rayon, ces étoiles seraient à 58 fois 70 millions de lieues; mais cette parallaxe n'est pas même de 2", et 2" ne sont pas la millième partie du rayon; les étoiles les plus brillantes sont donc au moins à 100,000 fois 70 millions de lieues. A cette énorme distance, un cheveu placé devant l'œil d'un observateur suffirait pour cacher notre système planétaire tout entier, quoiqu'il soit 40 fois plus long que l'écliptique.

MESURE DES DIAMÈTRES.

Le diamètre apparent d'une planète est l'angle sous lequel il paraît. Par exemple, le Soleil, au commencement de juillet, paraît sous un angle de 31′ 30″, et Vénus, quand elle est le plus près de nous, sous un angle de 1′ seulement. Ce diamètre augmente quand la distance diminue. Ainsi, le Soleil étant plus près de la Terre pendant l'hiver de notre hémisphère que pendant l'été d'environ un trentième, son diamètre apparent est plus grand dans cette saison.

Le diamètre apparent se mesure par le temps qu'un astre met à passer devant un fil très fin placé dans la lunette. On observe le moment précis où son bord vient toucher le fil à son entrée et à sa sortie. La durée écoulée entre ces deux instants, exprimée en degrés, à raison de 15° par heure, donne le diamètre apparent si l'astre décrit l'équateur. Ainsi, en observant le Soleil, s'il s'écoule entre le passage du premier bord et celui du second deux minutes de temps, c'est une preuve que le Soleil a 30′ de diamètre; car, le Soleil parcourant en 24 heures les 360° de la sphère, en une heure il en parcourt 15; en 4 minutes, qui sont la quinzième partie d'une heure, il décrit un degré, et en 2 minutes de temps il avance de 30′ de degré.

Le diamètre du Soleil étant connu, ainsi que la parallaxe, le volume s'obtient aisément. Par exemple, le rayon de la Terre est vu du Soleil sous un angle de 8″, 73, et celui du Soleil est vu de la Terre sous un angle de 16′ ou 960″; on est donc bien assuré qu'à la même distance où le rayon du Soleil paraît de 960′, celui de la Terre semble être de 8′, 73; ces rayons étant entre eux dans le rapport de ces deux nombres, on a la proportion suivante :

8″ 73 : 960″ : : le rayon terrestre 1 : au rayon du Soleil.

Or, en ajoutant à 960 autant de décimales qu'il y en a à 8′ 73, on a 96,000 qui, divisé par 873, donne pour quotient 111.

Ainsi le rayon solaire est 111 fois celui de la Terre.

Mais on sait en géométrie que les volumes de deux sphères sont entre eux comme les cubes de leurs rayons; or le cube de 111 est de 1,370,000 : donc le Soleil est environ quatorze cent mille fois plus gros que la Terre.

On trouve par les mêmes observations que le rayon de la Lune est de 15′ 7. Les calculs de la parallaxe démontrent que le rayon de la Terre est vu de la Lune sous un angle de 57′ 6; les rayons de ces deux sphères sont donc dans les rapports de ces deux nombres à très peu près : : 11 : 3. Il en résulte que le demi-diamètre de la Lune n'est que les 3 onzièmes de celui de la Terre, son volume le 49e, et son diamètre de 782 lieues.

COMÈTES.

Les Comètes sont des corps célestes qui se meuvent comme les planètes autour du Soleil, mais qui en diffèrent essentiellement par la diversité de leurs mouvements, lesquels s'accomplissent dans tous les sens et dans des ellipses excessivement allongées. Quelques-unes décrivent des paraboles (courbe dont le grand axe est infini), et ne font jamais qu'une seule apparition dans notre système planétaire.

On les reconnaît en général à leur queue vaporeuse

et diaphane, à travers laquelle on observe même les plus petites étoiles. Cette queue ou nébulosité est toujours dirigée vers le prolongement de la droite qui joint ce corps au Soleil, et s'accroît à mesure que la Comète s'approche de cet astre ; elle forme quelquefois une traînée immense qui atteint jusqu'à 90° de longueur.

Les Comètes obéissent aux lois de Képler comme tous les corps célestes de notre univers ; mais il ne faut pas croire que le calcul se prête aussi facilement que pour les planètes à déterminer leur retour, parce que d'un petit arc observé on ne peut conclure l'orbe entier, et que cet arc peut aussi bien appartenir à une parabole qu'à une ellipse.

Newton, après la découverte des lois de l'attraction, pensa le premier que les Comètes devaient suivre les mêmes lois dans le ciel que les planètes ; mais que leurs orbites devaient être très allongées, afin d'expliquer une très longue disparition. La comète de 1682 avait fait une étonnante sensation : Newton examina son cours, et trouva qu'une portion d'ellipse très allongée convenait parfaitement à toutes les observations, pourvu qu'on supposât les aires proportionnelles aux temps, comme dans les mouvements planétaires : dès lors il ne douta plus que les Comètes ne fussent des planètes aussi périodiques que les autres.

Halley, partant de cette donnée, calcula toutes les Comètes qui avaient été observées jusqu'alors avec quelque exactitude. Il trouva que celles de 1531, de 1607 et de 1682 offraient assez de ressemblance pour qu'on pût soupçonner que c'était une seule et même comète achevant sa révolution dans une période de 75 ans 1/2 environ. Halley était trop âgé pour vérifier le fait par lui-même ; mais il avertit les astronomes, et l'on attendit le retour de la comète.

Clairaut et Lalande calculèrent, d'après les données de la science à leur époque, quel serait le moment de sa réapparition, dans le cas où elle reviendrait ; ils trouvèrent que l'attraction de Saturne et de Jupiter devait retarder cette réapparition de 618 jours. Ils déterminèrent son passage au périhélie pour le 13 avril 1759; mais ils prévinrent que les quelques petites quantités qu'ils avaient négligées pourraient donner un mois d'incertitude sur l'époque où la comète reparaîtrait. La comète reparut : elle passa au périhélie un mois juste avant le jour indiqué, en sorte qu'il fut désormais hors de doute que les Comètes tournent véritablement autour du Soleil.

De nos jours l'orbite de cette comète a été calculée par MM. Damoiseau et de Pontécoulant, qui avaient fait entrer dans les éléments de ce calcul l'influence de la planète Uranus, dont l'existence n'était pas connue du temps de Clairaut, la connaissance plus exacte de la masse de Jupiter, évaluée alors à la 1,054^e partie du Soleil, et l'action de la Terre : et ils avaient définitivement fixé le passage de la comète au 13 novembre 1835. L'observation a donné le 16, c'est-à-dire trois jours seulement de différence.

Des observations plus récentes ont prouvé que la masse de Jupiter était la 1/1050e partie du Soleil. Eh bien, cette légère augmentation de la masse de Jupiter porte le passage de la comète de Halley au périhélie trois jours plus tard, c'est-à-dire juste le jour même où il a eu lieu. La difficulté maintenant serait de déterminer l'heure précise; mais il n'est guère probable qu'on arrive jamais à un résultat si rigoureux, si l'on réfléchit aux légères influences de Mars, de Vénus et Mercure, qui, n'ayant point de satellites, ne permettront jamais de calculer leur masse avec précision, et conséquemment les perturbations qu'elles peuvent causer.

Il y a encore deux comètes dont on croit connaître le retour : la première est celle de 1860, calculée par Newton, qui lui attribue une révolution de 575 ans ; la seconde, appelée comète à courte période, fait sa révolution en 1,208 jours environ. La comète qui s'est le plus rapprochée de la Terre est celle de 1770; elle n'en était éloignée que de 8,000 lieues. Il n'est guère probable cependant que ces deux astres se rencontrent jamais : il faudrait un concours de circonstances extraordinaires pour que deux corps aussi petits, mus dans un espace immense, dans des orbes de dimensions et d'inclinaisons diverses, vinssent à se heurter.

Les Comètes d'ailleurs ne paraissent avoir que fort peu de masse, car celle dont nous venons de parler n'a pas même produit un effet sensible sur les eaux de l'Océan. Les Comètes qui ont été le plus longtemps visibles se sont montrées : en 64, sous Néron; en 603, au temps de Mahomet; en 1240, lors de l'irruption de Tamerlan; en 1556, sous Charles-Quint; en 1729 et en 1811.

L'une des dernières comètes observées en Europe est celle de Donati, qui fut découverte le 2 juin 1858, à Florence. Le 30 septembre elle a passé à son périhélie; sa queue avait 16 degrés d'étendue, son noyau avait 4,000 kilomètres de diamètre. Placée en dehors du cercle des étoiles perpétuellement visibles à Paris, elle descendait vers neuf heures au-dessous de l'horizon du N.-O., pour reparaître, vers trois heures du matin, au S.-E. Sa queue, constamment opposée au Soleil, était inclinée à droite d'environ 40 degrés; le matin c'était à gauche qu'elle s'inclinait. Le 5 octobre elle passa sur l'étoile Arcturus, qui cependant ne perdit rien de son éclat accoutumé.

Depuis longtemps on attend le retour de la grande comète de 1556. On crut pendant quelques jours que l'astre signalé par Donati était le même qui avait jadis tant effrayé Charles-Quint; mais on reconnut bientôt que leurs orbites différaient notablement. L'année dernière une comète, qui n'est restée visible que quelques jours, a renouvelé les mêmes conjectures. Il est certain maintenant que la fameuse comète de 1556 a manqué au rendez-vous assigné par les astronomes, qui désespèrent de la voir revenir dans nos parages.

Cette année même (juillet 1861), au moment où s'impriment ces lignes, une grande et belle comète est apparue dans la constellation de la Grande-Ourse. On la voit s'avancer rapidement vers le nord, où elle ne tardera pas à disparaître. Il est bien établi par les observations des astronomes que c'est un astre nouveau, qu'on a eu tort de confondre, pendant les premiers jours, avec la capricieuse comète de Charles-Quint.

ÉTOILES FIXES.

Les Étoiles diffèrent des planètes en ce qu'elles gardent toujours entre elles la même position relative, et que leurs disques, vus dans les plus forts télescopes, se réduisent à des points lumineux.

La parallaxe des Etoiles, ou l'angle sous lequel on verrait de leur centre le diamètre de l'orbe terrestre, est insensible et ne s'élève pas à 2″, même pour les étoiles qui, par leur vif éclat, semblent être le plus près de la Terre. Deux observations exactes d'une étoile à l'écliptique, faites à six mois d'intervalle l'une de l'autre et à une distance de 70 millions de lieues, n'ont apporté aucun changement appréciable dans la position apparente de l'étoile; elle répond toujours exactement au même point du ciel.

On pourra juger de la distance de Sirius (la plus belle étoile du ciel et vraisemblablement la moins éloignée de la Terre) en sachant que l'atome lumineux qui frappe nos yeux aujourd'hui en est parti il y a plus de trois ans, et qu'il a parcouru 70 mille lieues par seconde. Herschell affirme qu'il y a des étoiles dont la lumière ne nous parvient qu'après deux mille ans.

L'éloignement prodigieux et la vivacité de la lumière des Etoiles nous prouvent évidemment qu'elles sont lumineuses par elles-mêmes, et que ce sont autant de soleils qui servent probablement de foyers à des systèmes planétaires invisibles pour nous. Le Soleil n'est lui-même qu'une simple étoile, dont l'éclat, la chaleur et l'étendue sont relatifs à la distance où on le voit; car de la planète Uranus, cet astre ne doit être vu que sous un angle de 2′, distance qui est nulle en comparaison de celle des Etoiles.

Les astronomes classent les Étoiles par ordre de grandeur, et ils distinguent les principales étoiles des constellations par les lettres de l'alphabet grec, en attribuant les premières lettres aux plus brillantes. On nomme étoiles de première grandeur celles qui jettent une très vive lumière. On a distingué longtemps dix ordres de grandeurs ; mais la puissance des lunettes actuelles peut étendre ce vaste champ jusqu'à quinze ordres. L'œil n'en aperçoit qu'une bien faible partie, environ quinze cents ; tout le reste est d'observation télescopique : Herschel ayant calculé le nombre d'étoiles contenues dans un espace de huit degrés de longueur sur trois de largeur, en a compté 50,000. Cette proportion appliquée sur toute l'étendue du ciel nous en donnerait 75 millions, s'il était permis de supposer que les verres de nos instruments ont atteint la perfection ; mais, puisque les Etoiles se multiplient à mesure que les lentilles acquièrent plus de force, on doit supposer que dans un espace sans limites leur nombre est infini.

C'est à Hipparque qu'on doit la construction des premiers catalogues d'Etoiles ; Ptolémée conserva et perfectionna ces catalogues.

La division du ciel en constellations est très ancienne ; car Hésiode et Homère en font mention. Bayer eut l'idée de désigner chaque étoile d'une constellation par une lettre prise dans l'alphabet grec ou romain, ou commençant par α pour la principale étoile, puis passant à l'alphabet romain *a*, *b*, *c*. Cette méthode est adoptée par tous les astronomes, et, quand les deux alphabets réunis ne suffisent pas, on a recours aux nombres 1, 2, 3. Indépendamment de ces marques, beaucoup d'étoiles ont des noms particuliers, tels qu'Arcturus, Aldébaran, Procyon, Sirius, Cassiopée, Régulus, etc.

Les principales constellations qu'on doit s'exercer à reconnaître sont : la Grande-Ourse, la Petite-Ourse, Orion, les Pléiades, le Taureau, le Cocher, Cassiopée, le Cygne. La place nous manque pour les décrire.

Le nom de *fixes*, donné aux Etoiles pour les distinguer des planètes, qui tous les jours changent de place, n'est pas d'une rigoureuse exactitude ; plusieurs ont un mouvement propre; Sirius, Aldébaran, la Lyre, etc., nous ont permis d'évaluer leur déplacement. Celui d'Arcturus, dans la constellation du Bouvier, est de plus de 100 millions de lieues par an, et cependant ce n'est qu'après un siècle d'observation qu'on a reconnu que cette étoile s'avance vers le midi. D'autres étoiles tournent autour d'un centre commun. Herschell a trouvé qu'un grand nombre d'étoiles ont changé leurs positions respectives. L'étoile α des Gémeaux est double, et les orbites dans lesquels les deux composantes se meuvent autour d'un centre commun sont à peu près circulaires : le temps de leur révolution apparente est d'environ 342 ans. Des deux étoiles qui composent γ du Lion, la plus petite tourne autour de la plus grande et accomplit sa révolution rétrogade en 1,200 ans. Ces étoiles forment donc des systèmes à part tournant périodiquement autour de leur centre de gravité : ces mouvements ne peuvent être expliqués par la réfraction, la nutation, ni même en admettant une parallaxe annuelle, attendu qu'ils n'ont pas lieu dans le sens convenable à ces hypothèses; ils n'ont même aucune analogie avec ceux de notre système planétaire, et cependant ils ne peuvent être que la conséquence de la loi universelle, l'attraction.

Plusieurs étoiles, appelées *changeantes*, présentent des variations périodiques dans l'intensité de leur lumière. Elles restent quelques heures, quelques mois sans être visibles, puis reparaissent, brillant du plus vif éclat. On a observé dans le Cygne trois étoiles changeantes ; une d'elles disparaît quelquefois, et devient ensuite de cinquième, puis de troisième grandeur : la période des variations est de 596 jours 21 heures.

L'histoire fait mention de plusieurs étoiles qui ont paru et disparu ensuite totalement. La plus fameuse de toutes les nouvelles étoiles est celle de 1572 : elle parut tout à coup dans la constellation de Cassiopée. En peu de temps elle surpassa la clarté des plus belles étoiles; sa lumière s'affaiblit ensuite, et elle disparut seize mois après sa découverte, sans avoir changé de place dans le ciel. Sa couleur éprouva des variations considérables; elle fut d'abord d'un blanc éclatant, ensuite d'un jaune rougeâtre, et enfin d'un blanc plombé.

On appelle *voie lactée* cet espace blanchâtre qui fait le tour du ciel, en coupant l'écliptique vers les deux solstices. Démocrite jugea autrefois que la blancheur de cette trace céleste devait être produite par une multitude d'étoiles trop petites pour être aperçues distinctement; Herschell a reconnu de nos jours la vérité de cette supposition. On observe encore dans diverses parties du ciel de petites blancheurs que l'on nomme *nébuleuses*. Vues dans le télescope, elles offrent également la réunion d'un grand nombre d'étoiles; d'autres ne présentent qu'une tache blanchâtre et irrégulière.

L'*aberration* est un petit mouvement apparent des Etoiles, causé, suivant la théorie de Bradley, par le mouvement de la Terre combiné avec le mouvement progressif de la lumière des Etoiles; leur résultat fait que les Etoiles fixes paraissent décrire tous les ans un petit cercle autour de leur vrai lieu.—La *nutation* est un autre petit mouvement apparent des Etoiles produit par un balancement de la Terre, en vertu duquel les Etoiles paraissent se rapprocher et s'éloigner de l'Equateur. Les astronomes calculent ces mouvements avec soin, parce qu'il faut en tenir compte dans toutes les observations.

ÉTOILES FILANTES.

Tout le monde a vu des points brillants, ressemblant parfaitement à des étoiles, se mouvoir rapidement dans le ciel, de manière à traverser plusieurs constellations en quelques instants, et disparaître presque aussitôt. Il est rare qu'on n'en aperçoive pas quand, par une belle nuit sans nuages, on reste un certain temps dans un lieu d'où l'on découvre une partie du ciel étoilé.

Les Etoiles filantes ne sont pas des étoiles : ce sont des corps de petites dimensions, comme des pierres, qui traversent rapidement l'atmosphère terrestre, et qui s'échauffent assez, par leur frottement contre les molécules d'air, pour devenir incandescents. Quelquefois ces petits corps tombent sur la terre : on les nomme alors *aérolithes*. D'autres fois ils disparaissent sans avoir atteint la surface du globe.

On explique les Etoiles filantes en admettant qu'il existe, dans l'espace, un grand nombre de petits corps qui se meuvent en obéissant aux attractions du Soleil et des planètes; que la Terre, dans son mouvement annuel autour du Soleil, vient en rencontrer successivement un certain nombre; que ceux dont elle s'approche suffisamment sont attirés par elle jusqu'à venir se réunir à sa masse; tandis que d'autres ne font que pénétrer d'une petite quantité dans l'atmosphère d'où ils sortent ensuite pour continuer leur mouvement dans l'espace.

Les observations suivies qu'on a faites depuis un certain nombre d'années montrent que ces petits corps ne sont pas uniformément répandus dans les diverses régions que la Terre traverse dans son mouvement annuel. Il existe des espèces de couches ou d'amas de ces corps; en sorte que, lorsque la Terre vient à s'approcher des régions où elles se trouvent, le nombre des Etoiles filantes qu'on peut observer devient beaucoup plus grand qu'il ne l'est habituellement; quelquefois même on en voit des quantités prodigieuses.

C'est en 1848 que le nombre d'Etoiles filantes observées en une heure, en août, à l'époque du maximum, a été le plus grand; depuis 1848 ce nombre a été toujours en diminuant, et il est très possible que bientôt le maximum correspondant au mois d'août disparaisse complétement.

Un maximum analogue à celui d'août a été remarqué pendant un certain temps, au mois de novembre; ce maximum, après avoir augmenté jusqu'en 1833, a diminué ensuite, et au bout de quelques mois il n'en est plus resté de traces.

ÉCLIPSES.

Les éclipses ont lieu lorsque la Lune se trouve dans

l'écliptique. Si son orbite était dans l'écliptique même, il y aurait des éclipses dans toutes les conjonctions et dans toutes les oppositions, c'est-à-dire à toutes les nouvelles et à toutes les pleines lunes; mais l'orbite de la Lune est inclinée de 5° 9′ sur l'écliptique, et ne le coupe que dans deux points appelés *nœuds*.

Les éclipses de Lune ne peuvent avoir lieu que quand la Lune n'est pas éloignée de plus de 12° en deçà ou au delà de chaque nœud; les éclipses de Soleil ne peuvent arriver qu'à 17° de chaque côté de chaque nœud. Les nœuds de la Lune se meuvent dans un sens contraire au mouvement propre de ce satellite; ils parcourent 19° 20′ chaque année, ce qui, joint au mouvement de la Terre, produit dans le retour des éclipses des variations continuelles. Les anciens astronomes avaient reconnu que dans l'intervalle de 18 ans 10 jours la Lune passait successivement par tous les points de l'écliptique, et qu'après cette période les éclipses revenaient à peu près dans le même ordre; mais depuis on a trouvé que la période de 521 ans ramène les éclipses dans le même ordre bien plus exactement.

Les grandes éclipses de Soleil arrivent quand cet astre se trouve dans son aphélie et la Lune dans son périgée, parce qu'alors le diamètre apparent du Soleil est le plus petit qu'il puisse être, tandis que le diamètre apparent de la Lune est le plus grand possible : dans ce cas l'éclipse du Soleil est totale, elle dure 3 h. 8′; mais le Soleil ne peut rester complétement obscurci plus de 5 minutes.

Les éclipses de Lune sont plus fréquentes que celles de Soleil, et la cause en est facile à concevoir : en effet, quand la Lune est éclipsée elle perd réellement sa lumière, et l'éclipse est vue de tout l'hémisphère tourné vers la Lune. Au contraire, si c'est le Soleil qui est éclipsé, comme la Lune est beaucoup plus petite que la Terre, son ombre couvre seulement une partie de l'hémisphère éclairé; elle fait alors à peu près l'effet des nuages, qui nous dérobent momentanément la vue du Soleil tandis qu'à peu de distance d'autres spectateurs le voient dans tout son éclat. On conçoit donc qu'une éclipse de Soleil peut se présenter totale ou annulaire pour un lieu et n'être que partielle pour un autre, et que la grandeur et la forme de cette éclipse peuvent varier suivant la position de l'observateur. L'éclipse de Soleil du 16 septembre 1792 était remarquable en ce que sa limite traversait la France depuis Cherbourg jusqu'à Strasbourg; en sorte que dans le nord de la France il n'y avait point d'éclipse; il y en avait à Senlis, et il n'y en avait point à Compiègne, quelques lieues plus loin. Les dernières éclipses que nous avons vues partielles à Paris, en 1847 et en 1860, étaient annulaires dans plusieurs contrées de l'Europe. La zone de l'éclipse du 18 juillet 1860 parcourait sur le globe une immense étendue, depuis les bords du Pacifique jusqu'à la mer Rouge. Elle s'est avancée à travers l'Amérique du Nord, du territoire de l'Oregon au Labrador, elle a traversé l'Océan Atlantique, elle a couvert les provinces nord-est de l'Espagne, de Santander à Valence, l'Algérie, le sud de la régence de Tunis, la Nubie et les côtes de la mer Rouge.

Pour déterminer la longueur d'une éclipse de Lune ou de Soleil, on divise le diamètre de ces astres en douze parties, que l'on nomme *doigts*. Ainsi, quand on dit qu'une éclipse a été de quatre doigts, cela veut dire que le tiers du diamètre de l'astre a été éclipsé. Les éclipses peuvent se calculer avec tant de précision, soit en remontant dans les siècles écoulés, soit en pénétrant dans les siècles à venir, que c'est le seul moyen de vérifier la chronologie des anciens peuples qui les ont observées. La plus ancienne dont les hommes aient conservé le souvenir est celle qui fut observée en Chine 2,155 ans avant l'ère chrétienne, et que les astronomes modernes ont certifiée par leurs calculs.

Parmi les éclipses de Soleil qui seront visibles à Paris dans la dernière moitié de ce siècle, on remarquera surtout celles du 22 décembre 1870 et du 28 mai 1900.

Paris. — Imprimerie de A. Wittersheim, rue Montmorency, 8.

www.ingramcontent.com/pod-product-compliance
Lightning Source LLC
LaVergne TN
LVHW050430160826
845677LV00002BA/642

* 9 7 8 2 3 2 9 6 8 0 6 1 3 *